全国普通高等院校电子信息规划教材

电子学实验教程
（第2版）

郭永新 主编

崔栋 宋莉 程运福 车琳琳 副主编

清华大学出版社

北京

内 容 简 介

本书是作者根据高等学校电子和电气信息类专业电子学实验教学的基本要求,结合多年的理论教学与实验教学的经验,为适应当前教学改革和教学体系的需求而编写的。全书将电子学实验分为基础性实验、基础设计性实验与综合设计性实验 3 个层次,内容涵盖了模拟电子技术与数字电子技术两大部分,并将计算机仿真实验引入到每个实验中。在附录中简单介绍了常用的仿真和分析软件 Multisim 10 基本使用方法、示波器和信号发生器的原理与面板结构,并给出了实验中常用的元器件参数以供实验时查阅。

本书可作为高等院校电子类及相关专业本、专科电子学课程的实验教材,也可供成人及职业教育相关专业学生或电气、电子技术工程人员使用。

图书在版编目(CIP)数据

电子学实验教程 / 郭永新主编. —2 版. —北京: 清华大学出版社,2017(2024.1重印)
(全国普通高等院校电子信息规划教材)
ISBN 978-7-302-46672-7

Ⅰ. ①电… Ⅱ. ①郭… Ⅲ. ①电子学—高等学校—教材 Ⅳ. ①TN01

中国版本图书馆 CIP 数据核字(2017)第 036024 号

责任编辑: 白立军
封面设计: 常雪影
责任校对: 焦丽丽
责任印制: 刘海龙

出版发行: 清华大学出版社
    网　　址: https://www.tup.com.cn, https://www.wqxuetang.com
    地　　址: 北京清华大学学研大厦 A 座　　　　邮　　编: 100084
    社 总 机: 010-83470000　　　　　　　　　邮　　购: 010-62786544
    投稿与读者服务: 010-62776969,c-service@tup.tsinghua.edu.cn
    质量反馈: 010-62772015,zhiliang@tup.tsinghua.edu.cn
    课件下载: https://www.tup.com.cn,010-83470236
印 装 者: 三河市龙大印装有限公司
经　销: 全国新华书店
开　本: 185mm×260mm　　印　张: 12.75　　字　数: 296 千字
版　次: 2011 年 11 月第 1 版　　2017 年 5 月第 2 版　　印　次: 2024 年 1 月第 6 次印刷
定　价: 35.00 元

产品编号: 073669-01

第 2 版前言

本书第 1 版出版发行后，受到广大学生和教师的热烈欢迎。第 2 版改正了第 1 版中的一些错误内容，调整了部分实验内容，将附录 B 中的数字示波器和附录 C 中的信号发生器换为最新型号。

本书第 2 版由郭永新任主编，崔栋、宋莉、程运福、车琳琳任副主编，参加本版编写的人员还有李正美、王世刚、孟庆建、鲁雯、焦青和李强。

限于作者水平，书中错误之处在所难免，请各位读者不吝赐教，以便下次修改时进一步修改。

编　者
2017 年 1 月

第1版前言

"电子学"是一门实践性和应用性很强的专业基础课,"电子学"的实验教学是电子学课程体系中非常重要的、必不可少的一个教学环节。本书是编者根据高等学校电子、电气信息类专业电子学实验教学的基本要求,在研究国内外同类教材的基础上,结合多年的理论教学与实验教学的经验,为适应当前教学改革和教学体系的需求而编写的。

我们编写本书的目的与努力方向,就是希望通过本书的学习,能够巩固学生对理论知识的掌握,锻炼他们的动手能力,激发他们的创新意识,培养他们的创新能力。本书内容强调"三基",即基础理论、基本知识和基本技能的培养,体现了"思想性、科学性、先进性、启发性、适应性"的原则。

随着计算机技术的发展,电子线路计算机辅助设计技术逐步普及,本书尝试将交互式SPICE仿真和电路分析软件 Multisim 引入电子学实验过程中,在每个实验中都配有仿真实验内容,使得学生不进实验室也能完成部分实验内容,以拓宽学生的知识面,增加学生的动手机会,增强学生的动手能力。

根据电子学实验的特点以及分层次教学的需要,全书将电子学实验分为基础性实验、基础设计性实验与综合设计性实验 3 个层次,内容涵盖了模拟电子学实验与数字电子学实验两大部分。基础性实验的目的在于训练学生的基本实验技能,包括常用电子仪器的使用方法、常用元器件的选用标准、电子学实验中基本物理量的测量方法、电子线路中常见故障的基本排除方法等。基础设计性实验要求学生在经过基础性实验训练的基础上,根据设计任务与给定的元器件与测试仪器,自己拟定实验步骤,独立设计一些常用的能够完成一定基本功能的单元电路的实验。复杂的电子学系统都是由一些单元电路连接组合而成的,学生通过设计单元电路,将为以后设计复杂的电子学系统打下基础。综合设计性实验则要求学生根据设计任务,自己确定设计方案,选择合适元器件与测试仪器,自己拟定实验步骤,设计出一个比较复杂的电子学系统,并给出该系统性能指标的测试结果。其目的是提高学生的综合设计能力,为他们成为一名合格的电子工程师打下基础。

全书共分 4 章。

第 1 章"电子学实验基础"介绍了学生在做电子学实验之前应该掌握的一些电子学实验的基本知识。包括电子学实验的基本特点、电子学实验中的安全问题、测量误差的处理、测量数据的处理、电子学实验中常用物理量的测量方法、电子学实验的调试方法与故障排除方法等。

第 2 章"模拟电子学基础实验"包括 9 个实验,其中基础性实验 6 个,基础设计性实验 3 个。第 1 个实验的实验内容是常用电子仪器的使用方法与一些基本物理量的测试方法,其余 8 个实验涵盖了整个模拟电子学的主要内容。

第 3 章"数字电子学基础实验"包括 9 个实验,其中基础性实验 6 个,基础设计性实验 3 个,涵盖了整个数字电子学的主要内容。

第 4 章"综合设计实验"包括 6 个综合实验,其中模拟部分 3 个,数字部分 3 个,简单介绍了电子线路设计的基本原则、步骤与方法供学生实验时参考。

附录 A 简单介绍了电路仿真软件 Multisim 10 的使用方法。附录 B 简单介绍了模拟示波器的工作原理与两种(模拟双踪示波器与数字双踪示波器)的面板结构。附录 C 简单介绍了函数发生器的面板结构与基本的操作方法。附录 D 给出了常用的元器件与集成电路的基本参数供学生实验时参考。

本书由郭永新任主编,崔栋、宋莉、张福勇、王恒桓任副主编,参加编写的还有王世刚、李正美、程运福、鲁雯和焦青。

由于作者水平有限,时间仓促,书中错误与不当之处在所难免,恳请广大读者批评指正,以便再版时改进。

编　者

2011 年 5 月

目　　录

第1章 电子学实验基础

实验作为一种掌握理论知识以及进一步将理论知识应用于实践的手段,在课程教学过程中占据着极为重要的地位。实验教学和理论教学是相辅相成的,许多理论知识只有通过实验才能更清晰、更深入地理解。在实验过程中,通过具体操作,既可以验证理论知识的正确性和实用性,促进学生主动学习理论知识,还可以从中发现理论知识的近似性和局限性,培养学生独立思考、分析问题、解决问题的能力。电子学实验就是按教学、科研和生产的具体要求对所设计的电子线路进行安装、调试和测量的过程。

1.1 电子学实验的基本特点

1.1.1 电子学实验的目的和意义

电子学是一门应用性极强的技术基础课,而电子学实验是该课程的重要教学环节之一。开设电子学实验的目的,就是巩固学生对理论知识的掌握,锻炼他们的动手能力,激发他们的创新意识,培养他们的创新能力,为以后成为一名合格的电子工程师打好基础。

目前,电子学的发展日新月异,各种各样的新技术、新器件、新电路层出不穷,并迅速应用于生产实践中。要认识和掌握应用这些新技术、新器件、新电路,电子学实验是最为有效的途径。通过电子学实验,可以检验器件和电路的功能和适用范围;可以分析器件和电路的工作原理;可以检测器件和电路的性能指标;可以锻炼应用新的技术。作为从事电子技术工作的电子工程师应该掌握电子学实验技术。

1.1.2 电子学实验的特点

电子学实验具有以下特点。

(1) 要正确、合理地选用电子元器件。电子元器件种类繁多,很多元器件功能相似而性能不同,不同的功能电路对于电子元器件的要求不同,如果元器件选用不当,将不会得到满意的实验结果,其至会出现安全问题。

(2) 理论计算结果与实际结果有较大差异。电子器件特别是模拟电子器件的特性参数分散性大(普通铝电解电容器的误差可以达到100%),因此实际电路的性能指标必然与设计要求有一定的差异,所以在实验时必须要对实际电路进行调试。

(3) 各种测量仪器的非线性特性(例如信号源的内阻等)将会引起测量误差。选择合适的测量仪器将会减少测量误差,但不会完全消除测量误差。因此电子学实验结果必须要进行误差处理。

(4) 实验电路中的元器件要合理布局与合理连线。由于电路中寄生参数的存在(如分布电容、寄生电感等)和外界的电磁干扰,即使电路原理图正确,元器件的随意布局和随意连接也可能引起电路的性能发生很大的变化,甚至产生自激振荡,从而使电路不能正常工作。这种情况在工作频率较高时尤为突出。

1.1.3 电子学实验的基本要求

为了保证实验顺利完成,实验课教学达到预期效果,学生应该按时进入实验室并在规定的时间内完成实验任务。遵守实验室的规章制度,实验结束后整理好实验台。除此以外,实验中学生还应做到以下几点。

(1) 熟练掌握各种常用电子测量仪器的主要性能和使用方法,掌握基本电路中主要参数的测试方法。

实验前要预习充分,预习的目的是进行理论准备,预习的要求是认真阅读理论教材,查阅相关资料,深入了解该实验的目的、任务,掌握实验的基本原理,彻底弄清楚实验的具体内容和要解决的问题,包括需要观察哪些现象、测量哪些数据等一系列与实验有关的内容。对于设计性实验还要根据实验内容拟好实验步骤,选择测试方案并给出实验电路。

(2) 进入实验室实际动手做实验之前,需要完成每个实验前面的仿真实验,通过仿真实验,可以进一步熟悉实验原理,了解各种测量仪器的使用方法及主要参数的测试方法。仿真实验的结果,还可以用来估算实验的测量数据,判断误差大小。

(3) 合理布线以达到直观、便于检查的目的。布线原则主要有以下几点。

① 连接电源正极、负极和地的导线用不同的颜色加以区分,一般正极线用红色,负极线用蓝色,地线用黑色。

② 尽量用短的导线,防止自激振荡。

③ 根据实验台的结构特点来安排元器件位置和电路的布线。一般应以集成电路或晶体管为中心,并根据输入与输出分离的原则,以适当的间距来安排其他元件。最好先画出实物布置图和布线图,以免发生差错。

接插元器件和导线时要非常细心。接插前,必须先用钳子或镊子把待插元器件和导线的插脚弄平直。接插时,应小心地用力插入,以保证插脚与插座间接触良好。实验结束时,应轻轻拔下元器件和导线,切不可用力太猛。注意接插用的元器件插脚和连接导线均不能太粗或太细,一般以线直径为 0.5mm 左右为宜,导线的剥线头长度约 10mm。

布线的顺序一般是先布电源线与地线,然后按布线图,从输入到输出依次连接好各元器件和接线。在可能条件下应尽量做到接线短、接点少,但同时还要考虑到测量的方便。

(4) 电路布线完毕后,不要急于通电,应先对电路进行检查。

首先检查 220V 交流电源和实验所需的元器件、仪器仪表等是否齐全并符合要求,检查各种仪器面板上的旋钮,使之处于所需的待用位置。例如,直流稳压电源应置于所需的挡级,并将其输出电压调整到所要求的数值。切勿在调整电压前随意与实验电路板接通。

对照实验电路图,对实验电路板中的元件和接线进行仔细的寻迹检查,检查各引线有无接错,特别是电源与电解电容的极性是否接反,各元件及接点有无漏焊、假焊,并注意防止碰线短路等问题。经过认真仔细检查,确认安装无误后,方可按前述的接线原则,将实验电路板与电源和测试仪器接通。

（5）实验过程中,要严格按照仪器的操作规程正确使用仪器,严禁野蛮操作。严格按照科学的方法、正确的实验原理进行实验。

（6）鼓励学生在完成所要求的实验内容后,自己设计实验,并动手操作。但必须要有完整的实验方案,实验前实验方案必须得到指导老师批准,才能进行实验。

（7）实验中出现故障时,切记第一步关掉电源,以免出现安全问题。对于故障产生原因应利用所学理论知识仔细分析,并尽量在老师的指导下独立给出解决问题的方案,以排除故障。出现故障后,不分析故障原因,直接拆掉电路,重新连接,是不负责任的表现。

（8）实验过程中,对于实验结果要细心观测,认真记录,要保证实验结果的原始记录完整、正确、清楚。

（9）实验过程中,一个阶段性的实验结束,得到正确的测量结果后,应该马上关掉电源,准备下一阶段的实验。

（10）实验结束后,要认真撰写实验报告。

实验报告是实验结果的总结和反映,也是实验课的继续和提高。通过撰写实验报告,使知识条理化,培养学生综合问题的能力。一个实验的价值在很大程度上取决于报告质量的高低,因此对撰写实验报告必须予以充分的重视。

在实验报告中,首先应该注明实验环境和实验条件(日期、仪器仪表的名称、型号等),这样做的目的是保证实验的可重复性(即在相同的实验环境和实验条件下,可以重复该实验得到相同的实验结果),这是科学实验的基本要求。

其次要认真整理实验数据,要用确切简明的形式,将实验结果完整、真实地表达出来。并对实验结果进行理论分析,得出结论,有条件的还要进行实验误差的分析。

最后对于实验中出现的问题或故障,要进行分析并给出解决问题的方法,总结实验中的收获和体会并提出改进实验的建议。

1.2 电子学实验的安全操作

电子学实验的安全操作是保证人身与仪器设备安全及电子学实验顺利进行的重要保障。在电子学实验过程中,必须严格遵守实验室安全规则和实验室的规章制度。电子学实验的安全包括两个方面:人身安全和实验仪器仪表的安全。

1.2.1 人身安全

由于电子学实验的特殊性,在电子实验室中最常见的危及人身安全的事故是触电。由于人体的导电特性,电流流过人体时将产生大量的热量,触电时人体在电流的作用下将会产生严重的生理反应。触电后轻者身体局部产生不适,严重的将对身体产生永久伤害,直至危及生命。要避免触电事故的发生,首先应该使学生从心理上能深刻认识到实验安全的重要性,认识到遵守实验操作规程的重要性,在实验时就能自觉地严格遵守实验室的各项规章制度认真做好实验中的各项工作。其次学生应该了解电子实验设备的特点,以及在对这些实验设备进行测试时的正确操作规程和应注意的事项,按规范操作。学生在进行电子学实验时必须遵守以下规则。

（1）实验时不允许赤脚。

（2）各种仪器设备在工作时，应保持良好接地。

（3）仪器设备及实验装置中流过强电流的连接导线应有良好的绝缘，芯线不得外露。

（4）在进行高压测量时，应单手操作，并站在绝缘垫上，或穿上厚底胶鞋。在接通220V交流电时，应先通知实验合作者。

（5）如果发生触电事故，应该迅速切断电源，若距离电源较远，可以使用绝缘器将电源切断，使触电者立即脱离电源并采取必要的补救措施。

1.2.2 仪器仪表安全

除了保障人身安全以外，实验中还应该注意仪器仪表安全。实验中仪器仪表的安全应该从以下几个方面得到保证。

（1）使用仪器设备前，应仔细阅读仪器说明书或仪器使用手册，掌握仪器的使用方法和注意事项。

在使用仪器、设备前，应对测量对象有所了解，明确要测量对象的大致范围，进而正确选择仪器、仪表，确定测量量程，使之确实达到预期的测量效果。

（2）实验时，应遵守接线基本规则，先把设备、仪表、电路之间的连线接好，经查（自查、互查）无误后，再连接电源线，经老师检查同意后，再接通电源（合闸）。测量完毕后，马上断开电源。拆线顺序是断开电源后先拆电源线，再拆其他线。

注意：在接、拆线及改换电路时，一定要关掉电源。

电路和各种仪表测试接线连接的准确无误，是做好实验的前提与保证，是实验基本技能的具体体现，也是每个实验都必须做、最容易做、但最不容易做好，从而引发事故最多的一项工作。例如短路事故，烧毁仪器、仪表、设备、器件等。

（3）实验中要正确地操作仪表面板上的开关（或旋钮），用力要适当。

（4）在实验过程中，要提高警惕，注意是否闻到焦臭味、见到冒烟或火花、有无"噼啪"的响声，如果遇到这种情况，或者感到设备过热及出现熔断丝熔断等异常现象时，必须立即切断电源，且在故障排除前不得再次开机。

（5）未经允许不得随意调换仪器设备，更不得擅自拆卸仪器设备。

（6）搬动仪器设备时，必须轻拿轻放。

（7）仪器设备使用完毕后，必须将仪表面板上的各个旋钮、开关置于安全的、合适的位置。例如，指针式万用表使用完毕后应将量程开关拨到交流电压最高挡，而数字式万用表使用完毕后应将其功能开关旋至 OFF 挡位。

正确选择和使用仪器、仪表是一个综合性的问题，也是确保仪器、仪表和人身安全的关键。要完全掌握虽不是件容易的事，但只要认真去做即可确保安全。保证人身和设备安全的关键是思想上重视和行动中措施得当。规范意识是事情成功的前提和关键，进行实验也是如此。所以要想真正做好实验并确有提高和收获，必须有科学严谨的工作态度，还要养成良好的习惯和严谨求实的工作作风。实验的每一步都做到心中有数和有条不紊。每次实验前都要仔细检查所用仪器、仪表的情况。要认真投入，善始善终，亲自动手做好每个实验。无论做什么实验，遇到事故、异常现象时都要头脑冷静、判断准确、处理果断。

1.3 电子学实验的测量误差

在实验过程中,由于测量仪器不准确、测量方法的不够严格、测量条件发生变化及测量工作中的疏忽或错误等原因,都会造成实际的测量结果与待测的客观真值之间不可避免地存在差异,这个差异称为测量误差,简称误差。

1.3.1 测量误差的来源

实验中测量误差的来源主要有以下几方面。

1. 仪器误差

仪器仪表本身及其附件所引入的误差称为仪器误差。例如,指针式万用表的零位漂移、刻度不准确等所引起的误差就是仪器误差。

2. 影响误差

由于各种环境因素与要求的条件不一致所造成的误差称为影响误差。例如,由于温度变化、湿度变化、电磁场的影响等外部环境所引起的误差属于影响误差。

3. 方法误差

由于测量方法不合理而造成的误差称为方法误差。这种误差属于后面所讲到的粗大误差,可以通过完善测量方法而完全去除。

4. 理论误差

用近似公式或近似值计算测量结果时所产生的误差称为理论误差。例如,将二极管、三极管等非线性元件等效为线性元件时将会产生理论误差。

5. 人为误差

由于实验者本身的原因而产生的误差称为人为误差。例如,实验者的分辨能力、熟练程度、固有习惯、缺乏责任心等。

1.3.2 测量误差的分类及消除措施

根据测量误差的性质(即产生原因),可将测量误差分为系统误差、随机误差和粗大误差三大类。

1. 系统误差

系统误差是指在相同条件下多次测量同一物理量,测量误差的绝对值和符号均保持不变,或在测量条件改变时,按某种确定的规律变化的误差。

在重复性的条件下,对同一物理量进行无限多次测量所得结果的平均值 $\bar{x}$ 与该物理

量的真值 A_0 之差即是系统误差 ε，即

$$\varepsilon = \bar{x} - A_0 \tag{1-1}$$

系统误差产生的常见原因有：测量仪器或电路本身的缺陷（如仪器定标不准，普通运放当作理想运放时对于输入电阻、输出电阻忽略等）；外界因素的影响（如测量环境中温度、湿度的变化等）；测量方法的不完善（如采用了某些近似公式或近似方法）；测量人员的因素（如测量人员感觉器官的限制等）。

在测量条件确定的情况下，不能通过多次测量求平均值的方法消除系统误差。只能根据系统误差产生的原因，采取一定的对应措施来减小或消除之（如对于测量仪器本身的缺陷，可以通过仪器校验，取得修正值，将测量结果加上修正值就可以减少系统误差）。

需要注意的是，很多系统误差只能想办法减少，而不能完全消除。系统误差的大小可以用来衡量测量准确度的高低。

2. 随机误差

随机误差是指在相同的测量条件下，多次测量同一物理量时（等精度测量），测量误差的绝对值和符号均以不可预知的方式变化的测量误差。随机误差又称为偶然误差。

某次测量结果的随机误差 δ_i 可以由本次测量结果 x_i 与在重复性条件下，对同一被测物理量进行无限多次测量所得结果的平均值 $\bar{x}$ 之差得到，即

$$\delta_i = x_i - \bar{x} \tag{1-2}$$

随机误差主要是由那些对测量结果影响微小，相互之间又互不相关的诸多因素共同造成的。这些因素包括：测量仪器中零部件配合的不稳定、噪声干扰、电磁场的微变、电源电压的波动、测量人员读数的不稳定等。

虽然随机误差在一次测量中的大小是无规则的，但当多次测量时，其总体符合统计学规律，接近于正态分布。所以可以通过对同一物理量进行多次测量并取算术平均值的方法来削弱随机误差对测量结果的影响。

随机误差是测量值与数学期望之差，表征了测量结果的分散性。随机误差通常用于衡量测量的精密度，随机误差越小，测量结果的精密度越高。

3. 粗大误差

粗大误差是指在一定的测量条件下，测量值明显偏离被测物理量真值时的测量误差，又称为过失误差。

引起粗大误差的主要原因有：测量人员的不正确操作或疏忽（如测错、读错、记错测量结果等）；测量方法不当或错误（如用普通万用表交流电压挡测量高频交流信号的有效值等）；测量环境的变化（如电源电压的突然降低或增高）。

含有粗大误差的测量值称为坏值。通过分析，确认含有粗大误差的测量数据，应该删除不用。

1.3.3 测量误差的表示方法

测量误差可以用绝对误差和相对误差来表示。

1. 绝对误差

测量值 x 与被测物理量的真值 A_0 之差称为绝对误差 Δx，用公式表示为

$$\Delta x = x - A_0 \tag{1-3}$$

绝对误差 Δx 的大小和符号分别表示测量值偏离真值的程度和方向。

被测物理量的真值虽然是客观存在的，但一般无法测得（某些情况下，可以由理论给出或由计量学做出规定）。在实际工作中，可以用更高一级的标准测量仪器所测量的数值 A（称为实际值）来代替真值 A_0。则绝对误差为

$$\Delta x = x - A \tag{1-4}$$

与绝对误差大小相等，符号相反的量称为修正值 C，即

$$C = A - x \tag{1-5}$$

修正值可以通过使用更高一级的标准仪器对测量仪器校正得出。修正值可以通过表格、公式或者曲线的方式给出。

2. 相对误差

绝对误差的表示方法的缺点是多数情况下不能反映出测量的准确程度。例如，测量两个电流，其实际值分别为 $I_1 = 20\text{A}$，$I_2 = 0.2\text{A}$，若它们的绝对误差分别为 $\Delta I_1 = 0.2\text{A}$ 和 $\Delta I_2 = 0.02\text{A}$，虽然从数值上看 $\Delta I_1 > \Delta I_2$，但实际上 ΔI_1 只占被测电流 I_1 的 1%，而 ΔI_2 却占被测电流的 10%，显然 ΔI_2 对于测量结果的影响相对较大。

要反映测量的准确程度，可以使用相对误差。测量的绝对误差与被测物理量的真值的比（一般用百分数）称为相对误差。用 γ_{A_0} 表示

$$\gamma_{A_0} = \frac{\Delta x}{A_0} \times 100\% \tag{1-6}$$

由于很难得到被测物理量的真值，一般用绝对误差和实际值的比来表示相对误差，称为实际值相对误差。用 γ_A 表示

$$\gamma_A = \frac{\Delta x}{A} \times 100\% \tag{1-7}$$

如果被测物理量的真值与测试仪表的指示值相差不大，则可以用绝对误差和指示值的比来表示相对误差，称为示值相对误差。用 γ_x 表示

$$\gamma_x = \frac{\Delta x}{x} \times 100\% \tag{1-8}$$

实际测量中经常使用示值相对误差。

另外一种相对误差是引用相对误差又称为满度相对误差，即绝对误差与测量仪表满刻度值的比，用 γ_m 表示

$$\gamma_m = \frac{\Delta x_m}{x_m} \times 100\% \tag{1-9}$$

显然，测量仪表的满刻度值与其引用相对误差的乘积即该仪表的最大绝对误差。我们国家电工仪表的准确度等级就是根据引用相对误差来区分的。准确度等级分为 0.1、0.2、0.5、1.0、1.5、2.5、5.0 共 7 级，准确度等级一般用 S 表示。例如，$S = 1.5$，表明该仪

表的引用相对误差不超过±1.5%。

若某测量仪表的准确度等级为 S，其满刻度值为 x_m，则使用该仪表进行测量时，其测得的绝对误差 Δx 为

$$\Delta x = \Delta x_m = x_m \times S\% \tag{1-10}$$

其示值相对误差为

$$\gamma_x = \frac{\Delta x}{x} \times 100\% = \frac{\Delta x_m}{x} \times 100\% = \frac{x_m \times S\%}{x} \times 100\% \tag{1-11}$$

式(1-11)中，总是满足 $x \leqslant x_m$，由式(1-9)可以看出，在仪表准确度等级 S 确定以后，指示值 x 越接近于仪表满刻度值 x_m，其示值相对误差 γ_x 越小，测量就越准确。因此，当我们在电子学实验中使用电压表或者电流表，选用量程时，应使被测量的值越接近满刻度值越好，一般应尽可能使被测量的值超过仪表满刻度值的三分之二。

1.4　电子学实验的数据处理

实验数据的处理包括正确记录实验中得到的测量数据，对测量数据进行分析、计算与整理，最后的结果还需要归纳成一定的表达式或制作成表格、曲线等形式。数据处理是建立在误差理论基础上的。

1.4.1　测量结果的数值处理

1. 有效数字

由于测量误差的存在及测量仪器分辨能力的限制，测量结果不可能完全准确，它是被测物理量真值的近似数，通常包括可靠数字和欠准确数字两部分，有误差的那位数字前面的各位数字都是可靠数字，有误差的数字为欠准确数字。例如，由电压表测得的电压数值为 15.3V，这就是一个近似数，其中 15 为可靠数字，而末位数 3 为欠准确数字。为了准确地表示测量结果，可以使用有效数字。测量结果的所有可靠数字和第一位欠准确数字称为该测量结果的有效数字。有效数字的正确表述对测量结果的科学表述极为重要。实际应用时应该注意以下几点。

(1) 有效数字应该从左边第一个非零的数字开始，直至第一位欠准确数字(包括0)为止。例如，在测量电流时，如果测得的电流为 0.0235A，则有效数字为 2、3 和 5，2 前面的两个 0 不是有效数字，其中 5 为欠准确数字。需要注意的是：右边的 0 应该计入有效数字，例如，测得电流为 1000mA，则该测量数据的有效数字为 1、0、0、0 共 4 位，其中最后一个 0 为欠准确数字。

(2) 在单位转换时，要注意保持有效数字位数和误差不变。例如，测得电流为 1000mA，则有效数字为 4 位，如果以安培为单位，测量结果应该记为 1.000A。

(3) 可以从有效数字的位数估算测量的误差，一般情况下规定误差不能大于有效数字末位单位数字的一半。例如，当测量结果记 1.000A 时，末位有效数字为小数点后第三位，其单位数字为 0.001A，一半是 0.0005A，由于误差可正可负，所以当结果记成

1.000A 时,误差为±0.0005A。可见,应该正确记录测量的结果,少计有效数字的位数会带来附加误差,而多计有效数字的位数则会夸大测量精度。

2. 数字舍入规则

测量结果的记录位数由有效数字的位数决定。当需要的有效数字为 n 位时,对于超过 n 位的测量数据要进行舍入处理。根据数字的出现概率和舍入后引入的舍入误差,对于测量结果的处理普遍采用"小于 5 舍,大于 5 入,等于 5 取偶"的原则。即:

(1) 若有效数字需要保留到第 n 位,则当其后面的数字大于第 n 位的 0.5 时,第 n 位的数字加 1。

例如,36.551 取三位有效数字,从左面数第三位以后的数字为 0.51,大于第三位数字的 0.5,所以 36.551 取三位有效数字记为 36.6。

(2) 若有效数字需要保留到第 n 位,则当其后面的数字小于第 n 位的 0.5 时,第 n 位的数字不变,后面的数字舍去。

例如,12.631 取四位有效数字,从左面数第四位以后的数字为 0.1,小于第四位数字的 0.5,所以 12.631 取四位有效数字记为 12.63。

(3) 若有效数字需要保留到第 n 位,则当其后面的数字等于第 n 位的 0.5 时,如果第 n 位的数字是奇数时,第 n 位数字加 1,后面的数字舍去,即将第 n 位凑成偶数。如果第 n 位的数字是偶数时,第 n 位数字不变,后面的数字舍去。

例如,对于 36.55 取三位有效数字,从左面数第三位以后的数字为 0.5,而第三位数字为奇数 5,所以 36.55 取三位有效数字记为 36.6。对于 36.85 取三位有效数字,从左面数第三位以后的数字为 0.5,而第三位数字为偶数 8,所以 36.85 取三位有效数字记为 36.8。

3. 有效数字的运算

在测量结果需要中间运算时,有效数字的位数对于运算结果有较大的影响。正确选择运算数据有效数字的位数非常重要,它是实现高精度测量的保证。一般情况下,有效数字的取舍决定于参与运算的各个数据中精度最差的那一项。原则如下。

(1) 当几个数据进行加、减运算时,以各个数据中小数点以后的位数最少(精度最差)的那个数据(无小数点,以有效数字最少者)为准,其余各数据按照数据舍入原则舍入至比该数多一位后进行运算,运算结果所保留的小数点以后的位数,应与各数据中小数点后位数最少者相同。运算中多取的一位数称为安全数字位,其目的是为了避免在大量加、减运算时舍入误差累计过大。

例如,10.1、20.356 与 5.2578 三个数据相加,根据上述原则,10.1 不变,20.356 与 5.2578 分别舍入至 20.36 和 5.26,10.1+20.36+5.26=35.72,根据舍入原则,最后结果为 35.7。

(2) 当几个数据进行乘、除运算时,以各个数据中有效数字位数最少的那个数据为准,其余各数据按照数据舍入原则舍入至比该数多一位后进行运算(与小数点位置无关),运算结果的位数应根据数据舍入原则取至与运算前有效数字位数最少的那个数据相同。

（3）当数据开方或平方运算时,有效数字的取舍同乘、除运算,结果可比原数据多保留一位。

（4）运算中出现 π、e 等无理数时,由具体运算决定。

（5）当数据做对数运算时,n 位有效数字的数据使用 n 位对数表。

1.4.2　测量结果的图形处理

实验过程中,处理数据的时候,为了表示测量数据之间的关系,可以采用图形的形式,将测量数据随某个或某几个因素变化的规律用曲线的形式表示出来,以便于对测量数据进行分析。

1. 坐标系的各参数的选择

在作图时,可以按照如下原则选择坐标系。

（1）表示两个数据之间的关系,坐标系可以选用直角坐标系,也可以选用极坐标系。

（2）一般情况下将误差小的数据作为自变量,误差大的数据作为因变量。

（3）一般情况下,坐标系采用线性分度,当自变量变化范围很宽时,需要采用对数分度。

2. 曲线的修匀

在实际实验时,由于误差的存在,测量数据将离散分布,全部测量数据的连线不可能是一条光滑的曲线。为了反映数据的真实物理意义,需要利用有关误差理论,将测量数据的波动去掉,平滑成一条光滑曲线,称为曲线的修匀。

在对精度要求不高的测量中,通常采用"分组平均法"来修匀曲线。具体方法是将数据分为若干组,每组包括 2～4 个测量数据点,分别估计各组的几何重心或对称中心,将这些重心或中心连接起来。由于进行了数据平均,在一定程度上减少了随机误差的影响,这样得到的曲线比较符合实际情况。

1.5　电子学实验中基本物理量的测量方法

1.5.1　电流的测量方法

直流电流的测量可以使用万用表的电流挡。测量时,万用表应串联接入被测电路中。测量挡位的选择应根据满度测量误差的要求决定。如果事先不知道被测电流的大体数值,应先选用最高量程的挡位,然后逐渐减小。

交流电流的测量通常不使用万用表,而使用电磁式电流表。可以使用电流互感器(例如钳形电流表)来扩大交流电流表的量程。

使用示波器也可以测量电流的波形。这时应在被测支路中串联一个小的电阻(采样电阻),测量该电阻上的电压,即可以得到电流的波形。采样电阻的阻值应该适当。过小则电压降低,示波器光点偏移太小,过大则对被测电路有影响。

1.5.2 电压的测量方法

通常使用电压表来测量电压,根据电路性能的需要选择不同的电压表。

如果被测电路的阻抗高,可以选用输入阻抗高的万用表,例如选用数字万用表,其输入可以达到 $10\mathrm{M}\Omega$ 以上。

如果被测电压的频率较低(在 $100\mathrm{Hz}$ 以下),或是直流信号时,可以选用数字万用表。而毫伏表适于更高频率信号的测量,其测量频率的范围为 $2\mathrm{MHz}$ 以下。

一般来讲,指针式电压表精度较低,而数字式电压表精度较高,通常在较高精度的电压测量中,采用数字式电压表。

除了电压表以外,还可以使用示波器测量电压。使用示波器测量电压可以很方便地测出信号的直流分量和交流分量的值。其特点是:可以对电压信号在某一时间的瞬时数值进行测量。

1.5.3 时间的测量方法

测量时间参数必须使用示波器。

模拟示波器屏幕上横坐标的值代表了信号的时间参数,其大小必须由人眼读出,精度不高,误差较大。

数字示波器对于时间的测量有两种方法:自动测量法和游标测量法。自动测量法能自动测量信号的周期、上升时间、下降时间等时间参数。游标测量法可以测量任意两点的时间差,并直接读数。

1.5.4 频率的测量方法

频率的测量也有两种方法。

(1) 由于频率是周期的倒数,因此可以通过测量时间来确定频率的大小。

(2) 可以使用李萨如图形法,由示波器读出。将被测频率的正弦信号和来自标准信号源的正弦信号分别加到示波器的 X 轴输入端和 Y 轴输入端,当两个信号的频率、相位和振幅各不相同时,示波器上显示的波形是不规律、不稳定的。当两个信号的频率之间成整数倍关系时,出现在示波器屏幕上的图形静止而且具有一定的形状。当两个信号的频率一样而且相位差为零时,屏幕上的图形为一直线而且与横坐标的夹角为 $45°$。可以通过调节标准信号源的频率来测量被测信号的频率。

其余输入电阻、输出电阻、电压增益和频率特性等参数的测量方法见各具体实验。

1.6 电子学实验的调试

电子电路的设计通常根据理论推导进行,许多复杂的客观因素(如分布参数的影响、元器件的标称值与实际值的偏差等)难以考虑到,实际电路一般达不到预期的效果,需要通过调试发现设计中的问题,采取必要的措施加以改进,以达到设计的指标要求。调试分为静态调试与动态调试。加电调试前需要进行不通电检查。

1.6.1　通电前的检查

连接完实验电路后,不能急于加电,需要认真检查,检查的内容包括如下。

(1) 连线是否正确。主要检查有无错线、漏线、多线。具体方法是:对照电路图,从输入开始,一级一级地排查,一直检查到输出。

(2) 连接的导线是否导通,面包板有无接触不良。可以用万用表欧姆挡逐一检查,如果两点之间有电阻存在,则能测出电阻值。

(3) 电源正、负极之间连线是否正确,电源正极与地之间是否短路。如果电源短路,通电后,将会造成元器件的损坏。

1.6.2　通电观察

检查无误后,应先通电观察,再进行通电调试。先调节电源电压至所需要的电压值,然后给电路通电,仔细观察电路有无异常现象出现。例如,是否有冒烟、有异常气味、打火、元器件是否发烫等现象。如果有以上情况出现,应立即断掉电源,检查电路,排除故障后才能再次通电。

1.6.3　静态调试

静态调试是指无输入信号的情况下,所进行的直流调试与调整。目的是保证电路工作在正确的直流工作状态。在模拟电路中,主要是通过静态调试保证各级电路的静态工作点。在数字电路中,静态调试是要保证电路的各个输入端加入固定的符合要求的高、低电平,测量输出端的输出电平值,以判断数字电路中逻辑关系是否正常。

通过静态调试,可以准确地判断电路的工作状态,及时发现损坏的元器件。如果工作状态不正常,要调整电路参数以符合设计要求。如果元器件损坏,需要先分析损坏原因,排除故障,然后再进行更换。

1.6.4　动态调试

静态调试结束后,还需要对电路做动态调试。动态调试是指加入输入信号的调试,电路在静态调试无误后,在输入端加入幅度与频率都符合设计要求的信号,用示波器根据信号流向逐级观察输出信号,测量各级电路的性能指标、逻辑关系与时序关系是否符合实验要求,如果输出不正常或者性能指标不符合设计要求,需要调整电路参数直到满足要求。

1.6.5　调试中需要注意的问题

测量方法与测量精度直接影响测量结果的正确性,只有选择正确的测量方法,提高测量精度才能得到正确的测量结果,为了提高调试效率,保障调试效果,调试过程中必须做到以下几点。

(1) 保障正确接地。在电路的调试过程中,必须保证仪器的接地端连接正确。正确的接地方法是,将直流电源、信号源、示波器以及毫伏表等电子测量仪器的接地端与被测电路的地线可靠地连接在一起,使仪器和被测电路之间建立一个公共参考地,以保证测量结果的正确。另外,在模数混合电路中,数字"地"与模拟"地"应该分开连接,以避免两者之间的互相干扰。

(2)在微弱信号测量时,尽量使用屏蔽线连接,屏蔽线的屏蔽层连接至电路的公共地端。

(3)正确使用测量仪器。在测量的过程中,测量电压所用仪器的输入阻抗必须大于被测电路的等效阻抗。测量仪器的带宽必须大于被测电路的带宽。

(4)在调试过程中,出现异常现象或故障时,要认真分析和查找故障原因,切不可一遇到故障暂时解决不了就拆掉电路重新安装,这是许多学生做实验时的通病,应该杜绝。学生在实验中不仅要学习测量数据的方法,还要锻炼查找故障、分析故障和排除故障的能力。实验中若无故障出现,则学生的这种能力无法得到锻炼。如果不知道故障原因,只是重新布线,故障还可能重新出现。

1.7 电子学实验的故障检测

故障是电子学实验中经常出现的问题,故障出现后,能否快速、准确地查出故障原因、故障点,并及时加以排除,是实验技能和素质的体现。要快速准确地排除故障,既需要有扎实的理论基础,又需要有丰富的实践经验和熟练的操作技能,才能对故障现象做出准确的分析和判断,排除故障能力的提高也是不断学习、总结的过程。

1.7.1 常见的故障现象

电子学实验中出现的故障现象很多,常见的故障现象如下。

(1)电路中输入信号正常,而无输出波形,或者输出波形异常。

(2)放大电路无输入信号而有输出信号。

(3)稳压电源无电压输出或输出电压过高而且无法调整,或者输出电压不稳定,稳压性能变差等。

(4)振荡电路不产生振荡。

(5)数字电路中逻辑功能不正确。

(6)计数器输出不正确,不能正常计数。

1.7.2 产生原因

电子学实验中产生故障的原因很多,既可能是一种原因引起的简单故障,也可能是多种原因综合作用产生的比较复杂的故障,很难进行准确分类。其粗略分类如下。

(1)电路安装错误引起的故障。包括接线错误(错接、漏接、多接、断线等),元器件相互碰撞,元器件安装错误(如元器件的正负极性接反,晶体管、集成电路的引脚接错等),接触不良。

(2)元器件质量引起的故障。包括元器件损坏,参数不符合要求,性能不好等。

(3)干扰引起的故障。包括接地不合理引起的自激振荡,地线阻抗过大,接地端不合理,仪器与电路共地不当等引起的干扰,直流电源滤波不良产生的 50Hz 干扰信号,由电路的分布电容耦合产生的感应干扰等。

（4）测量仪器产生的故障。包括测量仪器本身功能失效或变差，测试导线断开或接触不良，仪器的挡位选择或使用不当（如示波器、万用表使用方法不当，用交流毫伏表测量直流电压，仪器输入阻抗太低达不到电路要求），测试点选择不合理，测量方法错误（如测量电阻时，由于表笔没有拿好，使得人体触及电阻两端而引入人体电阻等）。

（5）电路本身原因产生的故障。包括所设计的电路不够合理，存在一些严重的缺点，实际电路与设计的原理图不符等。

1.7.3　检查故障的一般方法

对于一个比较复杂的电路系统，要分析、查找和排除故障，不是一件容易的事情。关键是要通过故障现象，分析故障产生的原因，对照电路原理图，采取一定的方法，逐步找出故障。

检查故障的方法很多，查找故障的顺序可以从输入到输出，也可以从输出到输入。以下列举了一些基本的、常用的方法。

（1）直观检查法。使用肉眼观察判断仪器的选择和使用方法是否正确；布线是否合理；印刷板、面包板有无断线；电解电容的极性、二极管、三极管的引脚、集成电路的引脚有无错接、漏接、互碰等情况；电阻和电容有无烧焦和炸裂等；电源电压的选择和极性是否符合要求；通电观察元器件有无发烫、冒烟；变压器有无焦煳味；电子管、示波管灯丝能否点亮；有无高压打火等。

（2）测量分析法。有些故障很难通过直观观察判断，例如，导线内部导体已经断开但外部绝缘层完好，静态工作点设计不正确，数字电路中的逻辑错误等故障，无法用肉眼看到。此时，可以借助万用表、示波器等仪器通过测量、分析找出故障的原因。利用万用表、示波器可以检查电路的直流状态，以判断电路的静态工作点是否正确，以及各输入输出端的高、低电平和逻辑关系是否符合要求来发现问题，查找故障。

（3）信号寻迹法。对于比较复杂的多级电路，可以在输入端接入一个一定幅度、适当频率的信号，用示波器由前级到后级，逐级观测各级输入输出的波形及幅度的变化，哪一级波形出现异常，则故障就出现在该级。需要注意的是，该方法的使用应该建立在对自己设计、安装的电路的工作原理、工作波形、性能指标比较了解的基础上。

（4）对比法。如果怀疑某一级电路出现问题，可将该级电路的参数与工作状态和相同的正常电路的参数（或用理论分析得到的电流、电压、波形等）与工作状态一一比较，分析所检测电路中的不正常情况，找出故障原因，判断故障点。

（5）替换法。某些情况下，故障比较隐蔽，不容易判断，此时可以将工作正常的插件板、部件、单元电路、元器件等代替相同的但怀疑有故障的相应的部分，观察故障是否出现。通过这种方法可以缩小故障范围，进一步查找故障。

第 2 章 模拟电子学基础实验

2.1 常用电子仪器的使用

2.1.1 实验目的

（1）掌握示波器、函数信号发生器及交流毫伏表等仪器面板上开关、旋钮的作用。
（2）掌握常用电子仪器的一般测量方法和步骤并能够正确使用仪器。
（3）了解双踪示波器与函数信号发生器的基本工作原理。

2.1.2 实验设备与材料

（1）双踪示波器一台。
（2）函数信号发生器一台。
（3）交流毫伏表一台。
（4）模拟电子实验箱一套。

2.1.3 实验准备

仔细阅读双踪示波器、函数信号发生器与交流毫伏表的使用说明书，明确各个仪器面板上开关、旋钮的作用，掌握各参数的读取规则。

2.1.4 实验原理

1. 示波器

示波器是电子测量中一种最常用的仪器。它可以将人们无法直接看到的电信号的变化过程转化成可用肉眼直接观察的波形，显示在示波器的荧光屏上，供人们观察和分析。示波器具有输入阻抗高、频率响应好、灵敏度高等优点。利用示波器除了能对电信号进行定性的观察外，还可以用它来进行一些定量的测量。例如，可以用它进行电压、电流、频率、周期、相位差、脉冲宽度等的测量，若配上传感器，还可以对温度、压力、声、光、热等非电量进行测量。因此，示波器是一种用途极为广泛的电子测量仪器。其工作原理见附录 B。

示波器使用注意事项及技巧如下。

（1）测试前应首先估算被测信号的幅度大小，若无法估算，应将示波器的 V/div 选择开关置于最大挡，避免因电压过高而损坏示波器。

（2）大部分示波器都设有扩展挡位和旋钮，定量测量时一定要检查这些旋钮所处的状态，否则会引起读数错误。

（3）在使用示波器直流输入方式时，先将示波器输入端接地，确定好示波器的零基线,才能方便地测量被测信号的直流电压。

（4）示波器工作时,周围不要放置大功率的变压器;否则,测量的波形会有重影和噪波干扰。

（5）示波器可作为高内阻的电压表使用,当被测电路中有一些高内阻电路时,若用普通万用表测电压,由于万用表内阻低,测量结果会不准确,同时还可能会影响被测电路的正常工作,而示波器的输入阻抗比万用表高得多,其测量结果不但较准确而且还不会影响被测电路的正常工作。

2. 交流毫伏表

交流毫伏表具有测量交流电压、测试电平、监视输出三大功能。交流测量的幅值范围是 1mV～300V,共分 1、3、10、30、100、300mV,1、3、10、30、100、300V 共 12 挡。频率的范围是 5Hz～2MHz。

交流毫伏表使用注意事项如下。

（1）交流毫伏表在通电之前,一定要将输入电缆的红黑鳄鱼夹相互短接。防止仪器在通电时因外界干扰信号通过输入电缆进入电路放大后,再进入表头将表针打弯。

（2）当不知被测电路中电压值大小时,必须首先将毫伏表的量程开关置最高量程,然后根据表针所指的范围,采用递减法合理选挡。

（3）若要测量高电压,输入端黑色鳄鱼夹必须接在地端。

（4）测量前应短路调零。打开电源开关,将测试线(也称为开路电缆)的红黑夹子夹在一起,将量程旋钮旋到 1mV 量程,指针应指在零位(有的毫伏表可通过面板上的调零电位器进行调零,凡面板无调零电位器的,内部设置的调零电位器已调好)。若指针不指在零位,应检查测试线是否断路或接触不良,应更换测试线。

（5）交流毫伏表灵敏度较高,打开电源后,在较低量程时由于干扰信号的作用,指针会发生偏转,称为自起现象,所以在不测试信号时应将量程旋钮旋到较高量程挡,以防打弯指针。

（6）交流毫伏表接入被测电路时,其地端(黑夹子)应始终接在电路的地上(成为公共接地),以防干扰。

（7）使用前应先检查量程旋钮与量程标记是否一致,若错位会产生读数错误。

（8）交流毫伏表只能用来测量正弦交流信号的有效值,若测量非正弦交流信号要经过换算。

（9）不可用万用表的交流电压挡代替交流毫伏表测量交流电压(万用表内阻较低,可用于测量 50Hz 左右的工频电压)。

3. 函数信号发生器

函数信号发生器能产生某些特定的周期性时间函数波形(正弦波、方波、三角波、锯齿波和脉冲波等)信号,频率范围可从几个微赫兹到几十兆赫兹。函数信号发生器在电路实验和设备检测中具有十分广泛的用途。例如,在通信、广播、电视系统中,都需要射频(高频)发射,这里的射频波就是载波,把音频(低频)、视频信号或脉冲信号运载出去,就需要能够产生高频的振荡器。在工业、农业、生物医学等领域内,如高频感应加热、超声诊断、核磁共振成像等,都需要功率或大或小、频率或高或低的振荡器。其面板结构见附录C。

函数信号发生器使用注意事项。

（1）仪器需预热10min后方可使用。

（2）把仪器接入电源之前,应检查电源电压值和频率是否符合仪器要求。

（3）不能输出大于10V（DC或AC）的电压。

2.1.5　Multisim仿真实验内容

仔细阅读附录A,了解Multisim 10仿真软件的操作界面;熟悉Multisim 10中元器件属性的设置及虚拟仪器仪表的作用及参数设置;能够熟练使用Multisim 10进行电子电路的仿真与设计。

2.1.6　实验内容与步骤

1. 信号电压的测量

（1）打开函数信号发生器电源开关,选择正弦波,通过选择频率挡级及调整频率调节旋钮与输出幅度调节旋钮,获得200Hz、3V的正弦交流信号。

（2）打开示波器电源开关,垂直方式开关置CH1,CH1耦合方式开关置GND,扫描方式置AUTO,关闭灵敏度,扫描速率微调旋钮。适当调节亮度、聚焦、垂直和水平位移、扫描速率等控件。使示波器屏幕上出现一条清晰稳定的水平亮线。

（3）将信号发生器测试夹与示波器CH1测试夹对接,选择示波器CH1耦合方式为AC方式,调节垂直和水平位移、扫描速率等,使屏幕上出现稳定的正弦波,读取信号电压的峰峰值 $u_{p\text{-}p}$,并记录至表2.1。

（4）保持信号发生器的状态,分别将衰减开关置20、40、60dB,用示波器分别测量读取信号电压的峰峰值 $u_{p\text{-}p}$,并记录至表2.1。

表2.1　电压幅值参数记录

	0dB	20dB	40dB	60dB
u_i/V				
$u_{p\text{-}p}/V$				

2. 用示波器和交流毫伏表测量信号参数

（1）调节函数信号发生器产生100Hz、1V的正弦波信号。将信号输出接入示波器CH1通道,调节示波器相关开关和旋钮使波形稳定。适当选择扫描速率开关（关闭微调）,使屏幕上显示2或3个周期稳定的正弦波形。根据扫描速率位置,读取一个正弦周期所占时间即为周期 T 。

（2）分别选择信号发生器频率为100Hz、1kHz、10kHz、100kHz,用示波器和交流毫伏表测量信号参数,并记录至表2.2中。

表 2.2　正弦信号参数记录

信号电压频率	示波器测量值		交流毫伏表测量值/V
	周期 T/ms	峰峰值 $u_{\mathrm{p\text{-}p}}/\mathrm{V}$	
100Hz			
1kHz			
10kHz			
100kHz			

3. 测量两信号的相位差

测量相位差可用双踪测量法,也可用 X-Y 测量法。

1) 双踪测量法

双踪测量法的连接线如图 2.1 所示,将频率为 1kHz、幅值为 2V 的正弦信号经过 RC 移相网络获得同频率不同相位的两路信号分别加到示波器的 CH1 和 CH2 输入端,然后分别调节示波器的 CH1 和 CH2"位移"旋钮、"垂直灵敏度 V/div"旋钮以及"微调"旋钮,就可以在屏幕上显示如图 2.2 所示的两个高度相等的正弦波。为了显示波形稳定,应将"内部触发信号源选择开关"选在 CH2 处,使内触发信号取自 CH2 的输入信号,这样便于比较两信号的相位。

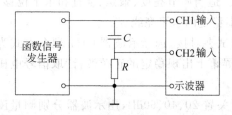

图 2.1　双踪测量法连接图

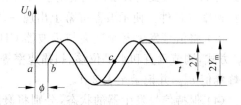

图 2.2　双踪测量法测量相位差显示的图形

双踪测量法测量信号相位差的方法有两种。

方法一:利用时间测量相位差。

从图 2.2 中读出 ac 和 ab 的长度(格数),根据

$$ac : 360° = ab : \phi \tag{2-1}$$

可得

$$\phi = \frac{ab}{ac} \times 360° \tag{2-2}$$

将测量结果记入表 2.3。

表 2.3　利用时间测量相位差

信号周期长度(ac 格数)	信号相位差长度(ab 格数)	相位差/(°)

方法二：利用幅值测量相位差。

由图 2.2 显示图形读出 Y 和 Y_m 的格数，则两信号的相位差为

$$\phi = 2\arctan\sqrt{\left(\frac{Y_m}{Y}\right)^2 - 1} \tag{2-3}$$

将测量结果记入表 2.4 中，并画出波形图，分析测量值与理论值的误差原因。

表 2.4　利用幅值测量相位差

波形高度 Y_m（格数）	两交点间垂直距离 Y（格数）	相位差/(°)

2）X-Y 测量法

将示波器"扫描速度开关"调至 X-Y 位置，即可进行测量，这时示波器工作在 X-Y 工作方式，CH1 为 X 信号通道，CH2 为 Y 信号通道。X-Y 测量法的连接如图 2.1 所示，输入信号频率为 1kHz、幅值 2V 的正弦信号。经过移相网络，一路加到示波器 CH1 的输入端，一路加到示波器 CH2 的输入端。调节"位移"旋钮、"垂直轴电压灵敏度"旋钮，使示波器荧光屏上显示出如图 2.3 所示的椭圆图形。由图形直接读出 Y 和 Y_m 所占的格数，则两信号的相位差为：$\phi = \arcsin\left(\frac{Y}{Y_m}\right)$。将测量结果记录于表 2.5 中。

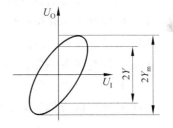

图 2.3　用椭圆截距法测量相位差显示的图形

表 2.5　相位差测量

波形高度 Y_m（格数）	在 Y 轴的截距 Y（格数）	相位差/(°)

2.1.7　实验报告

（1）整理实验数据。

（2）总结示波器、函数信号发生器及交流毫伏表的使用方法。

2.1.8　思考题

（1）使用示波器时，如出现以下情况：

① 无图像。

② 只有垂直线。

③ 只有水平线。

④ 图像不稳定。

试说明可能的原因，应调节哪些旋钮加以解决？

（2）交流毫伏表在小量程挡，输入端开路时，指针偏转很大，甚至出现打针现象，这是什么原因？应怎样避免？

（3）在实验中，所有仪器与实验电路必须共地（所有的地接在一起），这是为什么？

2.2 单管放大电路

2.2.1 实验目的

（1）掌握放大电路静态工作点的测量和调试方法，电压放大倍数、输入电阻、输出电阻等动态参数的测量方法，常用电子仪器的应用。

（2）熟悉电路元件参数对静态工作点的影响，分析静态工作点的作用，加深对放大电路工作原理的理解，熟悉电子元器件和电路连接方法。

2.2.2 实验设备与材料

（1）函数信号发生器一台。

（2）模拟电子实验箱一套。

（3）双踪示波器一台。

（4）交流毫伏表一台。

（5）数字万用表一台。

（6）Multisim 虚拟实验平台一套。

2.2.3 实验准备

（1）复习示波器、信号发生器和交流毫伏表的使用方法。

（2）熟悉三极管的结构与工作特性；基本放大电路结构、静态工作分析与动态工作分析。

（3）熟悉放大电路静态和动态特性参数的测量方法、共集电极放大电路与共基极放大电路的原理及特点。

2.2.4 实验原理

放大电路在工程实践中的用途非常广泛，是模拟电子电路中最常用、最基本的一种典型电路。单管放大电路是构成各种复杂放大电路的基础，根据电路输入信号与输出信号公共端的不同可分为共发射极、共集电极和共基极 3 种基本组态。放大电路的定量分析主要包括静态分析和动态分析。静态分析即估算电路静态工作点；动态分析即估算放大电路的各项动态参数。下面介绍图 2.4 所示电路的工作原理与定量分析。

1. 静态工作点分析与测试

放大电路输入信号为零时，电路中各支路电压和电流的数值、三极管各电极电流和电极间电压是确定的一点，称为静态工作点 Q。描述电路静态工作点的参数 I_{CQ}、U_{CEQ} 和 I_{BQ} 可用式（2-4）和式（2-7）估算，实验中可用万用表直接测量。

$$U_{BQ} \approx \frac{R_{b2}}{R_{b2} + R_b} V_{CC} \qquad (2-4)$$

$$I_{CQ} \approx I_{EQ} = \frac{U_{EQ}}{R_e} = \frac{U_{BQ} - U_{BEQ}}{R_e} \qquad (2\text{-}5)$$

$$U_{CEQ} = V_{CC} - I_{CQ}R_c - I_{EQ}R_e \approx V_{CC} - I_{CQ}(R_e + R_c) \qquad (2\text{-}6)$$

$$I_{BQ} \approx \frac{I_{CQ}}{\beta} \qquad (2\text{-}7)$$

静态工作点的选择十分重要,它对放大电路的放大倍数、波形失真及工作稳定性等放大电路的动态参数都有影响。静态工作点如果选择不当电路输出信号会产生饱和或截止失真。

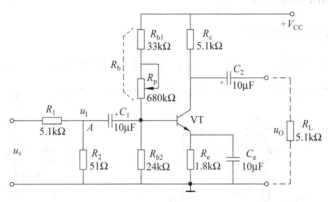

图 2.4   分压式共发射极放大电路

2. 放大电路的动态特性与测试

放大电路的基本动态参数包括电压放大倍数、频率响应、输入电阻、输出电阻。放大电路动态参数的定量分析通常采用图解法、微变等效电路法、仿真软件和实验法。

1) 动态参数的微变等效电路分析方法

电压放大倍数 A_u

$$A_u = \frac{U_o}{U_i} = -\frac{\beta R_L'}{r_{be}} \qquad (2\text{-}8)$$

其中,$r_{be} = 300 + (1 + \beta)\dfrac{26(\mathrm{mV})}{I_{EQ}}$,$R_L' = R_c /\!/ R_L$。

输入电阻 R_i 计算

$$R_i = R_{b2} /\!/ R_b /\!/ r_{be} \qquad (2\text{-}9)$$

输出电阻 R_o 计算

$$R_o \approx R_c \qquad (2\text{-}10)$$

2) 动态参数实验分析方法

用毫伏表或示波器测量 U_i,接入 R_L 后测量 U_o(空载时直接测量 R_c 两端电压),则电压放大倍数 A_u

$$A_u = \frac{U_o}{U_i} \qquad (2\text{-}11)$$

实验时,断开 R_2,测量 U_i,则输入电阻 R_i

$$R_i = \frac{U_i}{I_i} = \frac{U_i}{U_s - U_i} R_1 \qquad (2\text{-}12)$$

实验时,在电路输入端加信号电压 u_s,在输出电压不失真的情况下测量空载时($R_L = 5.1\text{k}\Omega$ 不接入电路)放大器的输出电压 U_o 值和带负载($R_L = 5.1\text{k}\Omega$ 接入电路)时放大器的输出电压值 U_{oL},则输出电阻 R_o 计算如下

$$R_o = \left(\frac{U_o}{U_{oL}} - 1\right) R_L \qquad (2\text{-}13)$$

2.2.5 Multisim 仿真实验内容

1. 共集电极放大电路仿真

在 Multisim 10 软件平台上构建共集电极放大电路,如图 2.5 所示。

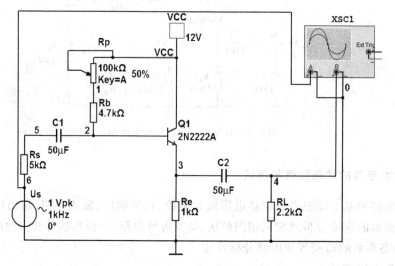

图 2.5 共集电极放大电路仿真电路图

(1) 调整静态工作点。接通电源,用示波器观察输出端波形,反复调整 R_p,使输出幅度在示波器屏幕上得到一个最大不失真波形。断开输入信号,用万用表测量晶体管各电极对地的电位,将所测数据填入表 2.6 中。

表 2.6 静态工作点测量数据

V_E/V	V_B/V	V_C/V	$I_E = \dfrac{V_E}{R_e} \Big/ A$

(2) 测量电压放大倍数。保持 R_p 值不变,接入负载 $R_L = 2.2\text{k}\Omega$,用示波器测量输入输出波形的幅值,计算电压放大倍数。

2. 共基极放大电路仿真

在 Multisim 10 软件平台上构建共基极放大电路,如图 2.6 所示。自拟步骤测量共

基极放大电路的静态工作点和电压放大倍数。

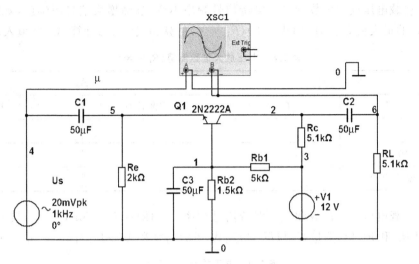

图 2.6　共基极放大电路仿真电路图

2.2.6　实验内容与步骤

1. 实验电路连接

（1）熟悉图 2.4 所示电路,判断电路元件的主要参数是否符合要求。

（2）接通电源,调整电源电压为$+12\mathrm{V}$,然后断开电源。

（3）将R_P的阻值调到最大位置,按图 2.4 所示仔细连接电路,确定连线无误后接通电源。

2. 静态参数测试

调整R_P,使$V_\mathrm{E}=1.9\mathrm{V}$,测量相应参数$U_\mathrm{BE}$、$U_\mathrm{CE}$和$R_\mathrm{b}$,并根据式(2-5)~式(2-7)计算静态工作点参数,填入表 2.7。

注意:测量R_b大小,应将被测电阻R_b从电路中断开,以保证测量结果的准确性。

表 2.7　静态参数测量

实 际 测 量			计　　算		
U_BE/V	U_CE/V	R_b/Ω	$I_\mathrm{BQ}/\mu\mathrm{A}$	$I_\mathrm{CQ}/\mathrm{mA}$	$U_\mathrm{CEQ}/\mathrm{V}$

3. 动态参数测试

（1）空载测试。按图 2.4 连线,不接入R_L,调整R_P,使$V_\mathrm{C}=6\mathrm{V}$。调节信号发生器的输出U_s为$500\mathrm{mV}$,$f=1\mathrm{kHz}$信号,经过R_1、R_2衰减,A 点获得小信号U_i为$5\mathrm{mV}$。观察

u_I 与 u_O 端波形,并比较相位。

(2) 空载电压放大倍数测量。保持信号频率不变,逐渐增大信号源幅度,观察 u_O 不失真时 u_I 的最大值 U_{imax},应用式(2-8)($R_L=\infty$)估算和式(2-11)计算 A_u,并填入表 2.8。

表 2.8 电压放大倍数测算($R_L=\infty$)

实　测		A_u	
U_i/mV	U_o/V	实测计算	估　算
5			
10			
最大输入电压			

(3) 负载电压放大倍数测量。保持信号频率 $f=1\text{kHz}$,$U_i=5\text{mV}$ 不变,按表 2.9 中给定电阻 R_C 和 R_L 值,测量 U_i 与 U_o,应用式(2-8)估算和式(2-11)计算 A_u 并填入表 2.9。

表 2.9 电压放大倍数测算

给　定　参　数		实　测		A_u	
$R_C/k\Omega$	$R_L/k\Omega$	U_i/mV	U_o/V	实测计算	估　算
5.1	5.1				
5.1	2.2				
2	5.1				
2	2.2				

(4) 失真观测。$U_i=5\text{mV}$($R_C=5.1\text{k}\Omega$,断开负载 R_L),减小 R_P 使可观察到 u_O 波形饱和失真;将 R_1 由 $5.1\text{k}\Omega$ 改为 510Ω,增大 R_P 使可观察到 u_O 波形截止失真,将测量结果填入表 2.10 中。

表 2.10 输出信号波形测量

R_P	V_b/V	V_c/V	U_o/V	U_o 输出波形情况
最小				
合适				
最大				

(5) 输入电阻测量。如电路图 2.7 所示,在输入端串联接入 $5.1\text{k}\Omega$ 电阻,测量 U_s 与 U_i,根据式(2-9)得到输入电阻 R_i 的估算值,根据式(2-12)得到输入电阻 R_i 的测算值,将结果填入表 2.11。

(6) 输出电阻测量。如电路图 2.7 所示,在输出端接入可调电阻 R_P 作为负载,选择合适的值使放大电路输出不失真,测量带负载时的 U_{oL} 和空载时的 U_o,根据式(2-10)得到输出电阻 R_o 的估算值,根据式(2-13)得到输出电阻 R_o 的测算值,将结果填入表 2.11。

表 2.11　输入输出电阻测算

测量输入电阻				测量输出电阻			
实际测量		测算	估算	实测		测算	估算
U_s/mV	U_i/mV	R_i/Ω	R_i/Ω	$U_o(R_P=\infty)$	$U_{oL}(R_P=\ )$	R_o/Ω	R_o/Ω

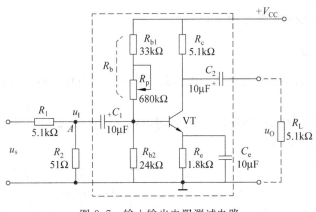

图 2.7　输入输出电阻测试电路

2.2.7　实验报告

（1）整理实验数据，计算电路的静态工作点、电压放大倍数、输入电阻、输出电阻，画出测试波形等；进行计算并与理论计算值比较，分析产生误差的原因。

（2）讨论放大器输出波形与静态工作点的关系；总结单管共发射极电路的性能和特点，分析实验中出现的各种现象，得出有关的结论。

2.2.8　思考题

（1）在分压式偏置电路中将 NPN 型晶体管换成 PNP 型晶体管，请画出此时的电路。

（2）说明电阻 R_{b1}、R_{b2}、R_e 和发射极电容在电路中的作用。

（3）将分压式共发射极放大电路的实验数据与仿真实验进行对比并分析。

2.3　负反馈放大电路

2.3.1　实验目的

（1）掌握负反馈放大电路性能的测试方法，加深对负反馈放大电路的工作原理的理解。

（2）熟悉放大电路输入电阻、输出电阻和通频带宽的测量方法以及负反馈对放大电路性能的影响。

2.3.2　实验设备与材料

（1）函数信号发生器一台。

（2）模拟电子实验箱一套。

（3）双踪示波器一台。

（4）交流毫伏表一台。

（5）数字万用表一台。

（6）Multisim 虚拟实验平台一套。

2.3.3　实验准备

（1）结合图 2.8，熟悉负反馈放大电路的工作原理和负反馈对放大电路性能指标的影响等相关知识。

（2）分析图 2.8 所示电路反馈结构，复习电路放大倍数、输入电阻、输出电阻、幅频特性的理论分析方法和测量方法。

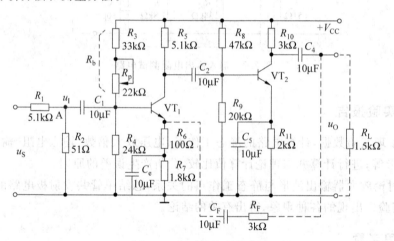

图 2.8　负反馈放大电路

（3）根据图 2.8 电路所示元器件参数，设放大三极管 $\beta=100$，计算电路开环和闭环电压放大倍数。准备实验预习报告。

2.3.4　实验原理

1. 负反馈放大电路

在各种电子设备中采用反馈的方法可以改善电路的性能，以符合对电路技术指标的要求。反馈在电子技术应用中获得广泛的应用。放大电路中的反馈就是指将放大电路输出量的全部或者一部分通过一定的方式送回放大电路的输入回路，从而加强或削弱原来的电量。

依据反馈信号的交、直流性质，反馈可包括直流反馈、交流反馈和交直流反馈 3 种。依据反馈极性的不同，反馈通常分为正反馈和负反馈两种。若加入反馈后放大电路的净输入信号减小,从而使放大电路的放大倍数降低,称为负反馈;反之,称为正反馈。为稳定放大电路的工作状态,一般采用负反馈。在放大电路中,依据反馈的极性、采样信号和反馈量与输入端的连接方式,负反馈放大器还可分为电压串联负反馈、电压并联负反馈、电流串联负反馈和电流并联负反馈。

2. 负反馈对放大电路性能的影响

不同类型的负反馈对放大电路的参数影响不同。放大电路引入负反馈后,放大倍数下降,电路稳定性提高,非线性失真减小,频带扩展,放大电路输入输出电阻改变。

负反馈放大实验电路如图 2.8 所示。反馈电阻 R_F 跨接在输入输出回路之间,将输出电压 u_O 的一部分反馈到输入回路。由于反馈信号取自输出电压 u_O,在输入回路中与输入信号串联,极性相反,所以实验电路的反馈类型为电压串联负反馈。负反馈放大电路性能指标分析如下。

(1) 电路放大倍数 A_f。

$$A_f = \frac{A}{1 + AF} \tag{2-14}$$

A 为电路开环放大倍数;A_f 为闭环放大倍数,反馈系数为 F,$F = \dfrac{R_6}{R_F + R_1}$,$1 + AF$ 表示反馈量的大小,称为反馈深度,若 $1 + AF \gg 1$,则 $A_f = \dfrac{A}{1 + AF} \approx \dfrac{1}{F}$。

(2) 输入电阻 R_{if}。

$$R_{if} = R_i(1 + AF) \tag{2-15}$$

其中,$R_i = \dfrac{U_i}{I_i} = \dfrac{U_i}{U_s - U_i} R_1$。

(3) 输出电阻 R_{of}。

$$R_{of} = \frac{R_o}{1 + AF} \tag{2-16}$$

其中,$R_o = \left(\dfrac{U_o}{U_{oL}} - 1\right) R_L$。

(4) 频率响应 f_{Hf}、f_{Lf}。

$$f_{Hf} = f_H(1 + AF) \tag{2-17}$$

$$f_{Lf} = \frac{f_L}{(1 + AF)} \tag{2-18}$$

2.3.5 Multisim 仿真实验内容

本节介绍电压串联负反馈放大电路仿真测试。

(1) 在 Multisim 10 软件平台上连接两级电压串联负反馈电路,如图 2.9 所示。电路元件参数如图所示,其中三极管均为 $\beta = 100$,$r_{bb} = 300\Omega$。

(2) 断开开关 J_1,闭合开关 J_2,在输入端加上正弦输入信号 $U_i = 5\text{mV}$,$f = 1000\text{Hz}$,利用虚拟示波器观察输出波形与输入波形;保持输入信号不变,闭合开关 J_1,利用虚拟示波器观察输出波形与输入波形；分析比较测试结果。

（3）断开开关 J_1，闭合开关 J_2，在输入端加上正弦输入信号 $U_i=5mV$，$f=1000Hz$，利用虚拟电压表 XMM1、XMM2 测量输入和输出分别为 U_i 和 U_o；闭合开关 J_1，利用虚拟电压表 XMM1、XMM2 测量输入和输出分别为 U_i 和 U_{of}；应用公式 $A_u=\dfrac{U_o}{U_i}$，计算开关 J_1 断开和闭合时，电压放大倍数并分析。

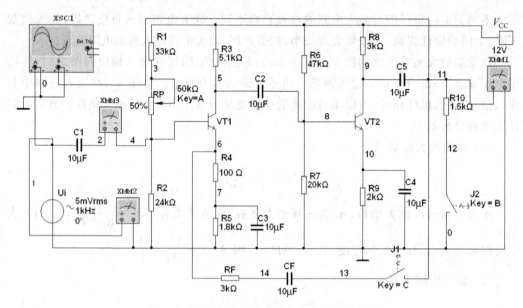

图 2.9　电压串联负反馈放大电路仿真电路图

（4）断开开关 J_1，闭合开关 J_2，在输入端加上正弦输入信号 $U_i=5mV$，$f=1000Hz$，利用虚拟万用表 XMM1、XMM3 测量输入电压和输出电流分别为 $U_i=3.535mV$ 和 $I_i=21.56\mu A$；闭合开关 J_1，利用虚拟万用表 XMM1、XMM3 测量输入电压和输出电流分别为 U_i 和 I_i；应用公式 $R_i=\dfrac{U_i}{I_i}$ 计算开关 J_1 断开、闭合时电路输入的电阻并分析。

（5）断开开关 J_1，断开开关 J_2，在输入端加上正弦输入信号 $U_i=5mV$，$f=1000Hz$，利用虚拟电压表 XMM1 测量输出电压 $U_o'=1.315V$；闭合开关 J_1，利用虚拟电压表 XMM1 测量输出电压 $U_{of}'=76.66mV$；应用公式 $R_o=\left(\dfrac{U_o'}{U_o}-1\right)R_L$ 计算开关 J_1 断开、闭合时的电路输出电阻并分析。

2.3.6　实验内容与步骤

1. 负反馈放大电路放大倍数的测试

（1）开环电压放大倍数的测试。

① 按图 2.8 连接电路，先不接入 R_F。

② 将 $U_i=5mV$，$f=1kHz$ 的正弦波输入信号接入放大电路输入端，用示波器观测电

路输出波形。调整放大器的偏置电阻,使电路输出波形不失真。

③ 按表 2.12 进行测量并根据实测值计算开环放大倍数 A_u。

（2）闭环电路电压放大倍数的测试。

① 按图 2.8 连接电路,接入 R_F。将 $U_i = 5\mathrm{mV}$、$f = 1\mathrm{kHz}$ 的正弦波输入信号接入放大电路输入端,用示波器观测电路输出波形。

② 按表 2.12 进行测量并计算 A_{uf}。验证 $A_{uf} \approx \dfrac{1}{F}$。

表 2.12　电压放大倍数测试

类别	$R_L/\mathrm{k\Omega}$	U_i/mV	U_o/mV	A_u	A_{uf}
开环	∞				—
	1.5				
闭环	∞			—	
	1.5				

2. 负反馈对失真的改善作用

（1）按图 2.8 连接电路,先不接入 R_F。逐步增大 u_S 的幅度,使输出信号出现失真(注意不要过分失真)。

（2）保持信号幅度不变,接入 R_F,观察输出情况。增大 u_S 的幅度,使输出信号出现波形失真。

（3）分析比较以上两波形的异同,写入实验报告。

3. 负反馈对放大电路通频带的影响

（1）按图 2.8 连接电路,先不接入 R_F。u_S 选择适当幅度(频率为 $1\mathrm{kHz}$),使输出信号在示波器上有满幅正弦波显示。

（2）保持输入信号幅度不变,逐步增大 u_S 频率,直到波形减小为原来的 70%,此时信号频率即为放大电路 f_H,结果填入表 2.13。

（3）保持输入信号幅度不变,但逐渐减小 u_S 频率,直到波形减小为原来的 70%,此时信号频率即为放大电路 f_L,结果填入表 2.13。

（4）按图 2.8 连接电路,接入 R_F,重复步骤(2)与步骤(3),并将结果填入表 2.13。验证负反馈通频带带宽:$f_{Hf} = f_H(1 + A_m F)$,$f_{Lf} = \dfrac{f_L}{(1 + A_m F)}$。

表 2.13　通频带测量

类别	f_H/Hz	f_L/Hz
开环		
闭环		

4. 负反馈对放大电路输出电阻、输入电阻的影响

（1）按图 2.8 连接电路，先不接入 R_F。选择适当信号 u_S 接入电路，使输出信号在示波器显示正常。空载下测量 U_i、U_o；负载下测量 U_{oL}。记录数据并计算 R_i、R_o，并将结果填入表 2.14。

（2）按图 2.8 连接电路，接入 R_F。选择适当信号 u_S 接入电路，使输出信号在示波器显示正常。接入负载 R_L 测量 U_s、U_i、U_{oL}；空载下测量 U_o。记录数据并计算 R_{if}、R_{of}，并将结果填入表 2.14。

表 2.14　输入输出电阻测算

类别	U_s	U_i	U_o	U_{oL}	$\dfrac{R_i}{R_{if}}$	$\dfrac{R_o}{R_{of}}$
开环电路						
闭环电路						

2.3.7　实验报告

（1）整理实验数据，根据实验测试数据计算电路开环时的放大倍数，输入电阻、输出电阻和通频带宽。将实验值与理论值比较，分析误差原因。

（2）根据实验测试数据计算电路闭环时的放大倍数，输入电阻、输出电阻和通频带宽。

（3）总结电压串联负反馈对放大电路放大倍数、输入电阻、输出电阻、频带宽度等性能的影响。

（4）对比电路仿真与实验结果并分析，总结引入负反馈对放大电路的影响。

2.3.8　思考题

R_f 的大小对电路的反馈深度有无影响？反馈深度对各项性能指标有无影响？

2.4　差分放大电路

2.4.1　实验目的

（1）掌握差分放大电路共模抑制比等性能指标的测试方法以及提高差分放大器共模抑制比的方法。

（2）熟悉差分放大电路的工作原理。

（3）熟悉用函数发生器和示波器测量电路传输特性的方法。

2.4.2　实验设备与材料

（1）函数信号发生器一台。

（2）模拟电子实验箱一套。

（3）双踪示波器一台。

（4）交流毫伏表一台。

（5）数字万用表一台。

（6）Multisim 虚拟实验平台一套。

2.4.3 实验准备

（1）复习差分放大器的工作原理,分析差分放大电路单端输入时,单端输出放大倍数和双端输出放大倍数的关系。

（2）理解差分放大器能放大差模信号而抑制共模信号的工作原理。思考实验的测试方法。

2.4.4 实验原理

差分放大电路是直接耦合放大电路,广泛用作集成运算放大电路的输入级。恒流源式差分放大电路如图 2.10 所示。

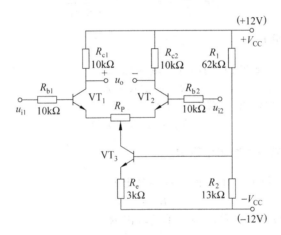

图 2.10 恒流源式差分放大电路

差分放大电路要求电路结构形式尽可能对称,在图 2.10 中,VT_1、VT_2 性能完全相同,称为对管。图 2.10 中 VT_3 的基极电位由 R_1、R_2 分压后确定,故 VT_3 集电极电流 i_{c3} 基本保持不变,从而 VT_1、VT_2 的集电极电流 i_{c1}、i_{c2} 将不会因为温度的变化而增大或减小,抑制了共模信号的变化。双端输入电压 $u_{i1}-u_{i2}=0$ 时,在电路完全对称的情况下,两集电极之间的直流电位差应为零。若电路不对称,可调节 R_P 使 VT_1、VT_2 集电极电位差为零,R_P 称为调零电位器。依据差分放大电路信号的连接方式,电路的输入输出端可以有双端输入双端输出、双端输入单端输出、单端输入双端输出、单端输入单端输出 4 种不同的接法。电路接法不同,电路的特点和性能指标也有差别。

1. 差模电压放大倍数 A_{d}

（1）双端输入双端输出，不接负载时

$$A_{\text{d}} = \frac{\Delta u_{\text{o}}}{\Delta u_{\text{i1}} - \Delta u_{\text{i2}}} = \frac{\beta R_{\text{c}}}{R + r_{\text{be}}} \quad (R_{\text{c1}} = R_{\text{c2}} = R_{\text{c}}) \tag{2-19}$$

接入负载 R_{L} 时

$$A_{\text{d}} = \frac{\Delta u_{\text{o}}}{\Delta u_{\text{i1}} - \Delta u_{\text{i2}}} = -\frac{\beta\left(R_{\text{c}} \mathbin{/\mkern-5mu/} \dfrac{R_{\text{L}}}{2}\right)}{R + r_{\text{be}}} \tag{2-20}$$

（2）双端输入单端输出 A_{d}。

$$A_{\text{d}} = \frac{\Delta u_{\text{o}}}{\Delta u_{\text{i1}} - \Delta i_{\text{i2}}} = -\frac{1}{2}\frac{\beta(R_{\text{c}} \mathbin{/\mkern-5mu/} R_{\text{L}})}{R + r_{\text{be}}} \tag{2-21}$$

（3）单端输入双端输出 A_{d}。

$$A_{\text{d}} = \frac{\Delta u_{\text{o}}}{\Delta u_{\text{i1}}} = -\frac{\beta\left(R_{\text{c}} \mathbin{/\mkern-5mu/} \dfrac{R_{\text{L}}}{2}\right)}{R + r_{\text{be}}} \tag{2-22}$$

（4）单端输入单端输出 A_{d}。

$$A_{\text{d}} = \frac{\Delta u_{\text{o}}}{\Delta u_{\text{i1}}} = -\frac{1}{2}\frac{\beta(R_{\text{c}} \mathbin{/\mkern-5mu/} R_{\text{L}})}{R + r_{\text{be}}} \tag{2-23}$$

2. 差模输入电阻 R_{id}

（1）双端输入双端输出、双端输入单端输出 R_{id}。

$$R_{\text{id}} = 2(R + r_{\text{be}}) \tag{2-24}$$

（2）单端输入双端输出、单端输入单端输出 R_{id}。

$$R_{\text{id}} \approx 2(R + r_{\text{be}}) \tag{2-25}$$

3. VT_1、VT_2 集电极间输出电阻 R_{o}

（1）双端输入双端输出、单端输入双端输出 R_{o}。

$$R_{\text{o}} = 2R_{\text{c}} \tag{2-26}$$

（2）双端输入单端输出、单端输入单端输出 R_{o}。

$$R_{\text{o}} = R_{\text{c}} \tag{2-27}$$

4. 共模电压放大倍数 $A_{\text{c}} = \dfrac{\Delta U_{\text{o}}}{\Delta U_{\text{ic}}}$

在电路完全对称的理想情况下，双端输出的共模电压放大倍数为零。

5. 共模抑制比 $K_{\text{CMR}} = 20\lg\left|\dfrac{A_{\text{d}}}{A_{\text{c}}}\right|$

共模抑制比为差模电压放大倍数 A_{d} 与共模电压大倍数 A_{c} 之比，表征放大电路对共模信号的抑制能力。共模抑制比越大，放大电路对共模信号的抑制能力越强。

2.4.5 Multisim 仿真实验内容

1. 长尾式差分放大电路仿真

在 Multisim 10 软件平台上构建长尾式差分放大电路，如图 2.11 所示。

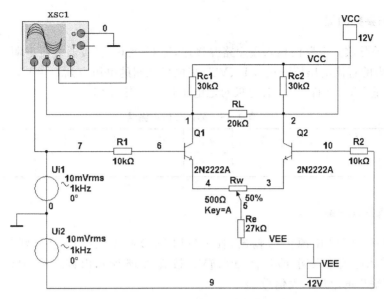

图 2.11　长尾式差分放大电路仿真电路图

2. 静态分析仿真

利用软件直流工作点分析功能测量电路的静态工作点并与理论分析结果比较。

3. 动态分析仿真

（1）调节 $U_{i1}=U_{i2}=10\text{mV}$，$f=1\text{kHz}$，以差分信号接入，利用虚拟示波器观察 Q_1、Q_2 的集电极输出与输入的相位关系，如图 2.11 所示。

（2）利用虚拟数字万用表测量并计算差分电路双端输入单端输出、双端输入双端输出的放大倍数并与理论分析结果比较。

（3）将电路输入改为单端输入，即 $U_{i1}=10\text{mV}$（$f=1\text{kHz}$）一端接 R_1，另一端接地；R_2 直接接地。利用虚拟数字万用表测量并计算差分电路单端输入单端输出、单端输入双端输出的放大倍数并与理论分析结果比较。

（4）将 $U_{i1}=10\text{mV}$（$f=1\text{kHz}$）信号以共模形式接入电路，即信号源一端接地，另一端同时接入 R_1、R_2。利用虚拟数字万用表测量并计算差分电路双端输入单端输出、双端输入双端输出的放大倍数并与理论分析结果比较。

（5）设计并连接电路，利用虚拟仪表测量并计算电路放大倍数、输入电阻和输出电阻。

2.4.6　实验内容与步骤

1. 连接电路

按图 2.10 连接电路。

2. 静态参数测量

(1) 将差分放大电路两输入端短路并接地，即 $U_{id}=0V$。接通直流电源，调节电位器 R_P，用万用表的直流电压挡测量 VT_1、VT_2 集电极之间的电压直到 $U_o=0V$。

(2) 测量 VT_1、VT_2、VT_3 各电极对地电压并填入表 2.15。

表 2.15 静态工作点测量

对地电压	V_{b1}	V_{b2}	V_{b3}	V_{c1}	V_{c2}	V_{c3}	V_{e1}	V_{e2}	V_{e3}
测量值/V									

3. 动态参数测量

(1) 调节直流电压源信号输出，使 OUT1(u_{i1}) 和 OUT2(u_{i2}) 分别为 $+0.1V$ 和 $-0.1V$。接入电路输入端，即 $U_{id}=\pm0.1V$。按表 2.16 所示内容测量、记录并分析电路单端和双端输出的电压放大倍数。

表 2.16 差模电压放大倍数测量

U_{id}值	差模输入					
	测量值/V			计算值		
	U_{c1}	U_{c2}	U_o	A_{d1}	A_{d2}	A_d
$+0.1V$						
$-0.1V$						

(2) 调节直流电压源信号输出，使 OUT1，OUT2 分别为 $+0.1V$，$-0.1V$。将图 2.10 所示电路输入端短接，依次接直流信号输出 OUT1、OUT2。按表 2.17 所示内容测量、记录并计算单端和双端输出的电压放大倍数。

表 2.17 共模电压放大倍数测量

U_{id}值	共模输入					
	测量值/V			计算值		
	U_{c1}	U_{c2}	U_o	A_{c1}	A_{c2}	A_c
$+0.1V$						
$-0.1V$						

(3) 依据 $K_{CMR}=20\lg\left|\dfrac{A_d}{A_c}\right|$，按表 2.16、表 2.17 所示内容，计算双端输入单端输出和双端输入双端输出的共模抑制比 K_{CMR}。

4. 单端输入的差分放大电路动态参数测量

(1) 在图 2.10 中将 VT_1 基极接地，从 VT_2 基极依次输入直流信号 U_i 为 $+0.1V$ 和

−0.1V,组成单端输入差分放大器。按照表 2.18 要求，测量记录电路单端输出及双端输出电压值，计算差分放大电路的单端输出和双端输出的电压放大倍数。将计算结果与表 2.16 双端输入时相应的电压放大倍数进行比较。

（2）如图 2.10 所示，将 VT_2 接地，在 VT_1 基极加入正弦交流信号 $U_{id} = 30mV$，$f = 1kHz$，用示波器监视 U_{c1}、U_{c2} 的波形。若有失真现象时，可减小输入电压值，直至 U_{c1}、U_{c2} 都不失真。按照表 2.18 要求分别测量记录单端输出及双端输出电压，计算单端输出、双端输出的差模电压放大倍数。

表 2.18　差模电压放大倍数测算

U_{id} 值	输出电压测量值/V			计算值		
	U_{c1}	U_{c2}	U_o	A_{d1}	A_{d2}	A_d
+0.1V						
−0.1V						
正弦信号						

2.4.7　实验报告

（1）整理实验数据，计算图 2.10 所示电路各种接法时差模电压放大倍数，并与理论计算值相比较。

（2）总结差分放大电路的性能和特点。

2.4.8　思考题

（1）通过比较实验测量数据，简要说明差分放大器是如何解决对有用信号的放大和对零漂信号的抑制之间的矛盾的。

（2）能否用交流毫伏表或示波器直接测量差分放大器的双端输出电压？为什么？

2.5　功率放大电路

2.5.1　实验目的

（1）掌握功率放大电路输出功率、效率等基本参数测量方法，加深对功率放大电路的结构、工作原理、各元件作用及主要指标的近似计算方法。

（2）熟悉集成功率放大电路的结构与调试。

（3）了解功率放大电路的静态工作点设置对输出波形的影响及处理方法。

2.5.2　实验设备与材料

（1）函数信号发生器一台。

（2）模拟电子实验箱一套。

（3）双踪示波器一台。

（4）交流毫伏表一台。

（5）数字万用表一台。

（6）Multisim 虚拟实验平台一套。

2.5.3 实验准备

（1）复习互补对称功率放大器的工作原理,分析图 2.12 所示电路中各三极管的工作状态及交越失真情况,了解电阻 R_4、R_5 的作用是什么。

（2）计算 VT_2、VT_3 的静态功耗。

（3）根据实验电路,计算功率放大器理想最大输出功率 P_{om}、管耗 P_T、电源供给功率 P_V 及效率 η。

2.5.4 实验原理

功率放大电路与电压放大电路的主要区别在于功率放大电路要求电路向负载提供足够大的输出功率。设计电路时,主要考虑功率放大电路具有足够的输出功率和较高的效率,并尽可能减小电路输出波形的非线性失真。从功率放大电路的特点出发,功率放大电路的具体电路结构有变压器耦合推挽式功率放大电路、直接耦合互补对称式功率放大电路等。随着集成化器件的发展和运用,电路结构形式倾向于采用无输出变压器直接耦合的功率放大电路。

1. 简单的互补对称功率放大电路

一种单电源供电的 OTL 甲乙类互补对称功率放大电路实验电路如图 2.12 所示。静态时,电路中三极管 VT_2、VT_3 的集电极电流均等于零或接近于零,此时两管的集电极电压分别为 $u_{CE2} = \dfrac{V_{CC}}{2}$,$u_{CE3} = -\dfrac{V_{CC}}{2}$,两管的静态工作点处的集电极电压为 $\dfrac{V_{CC}}{2}$。

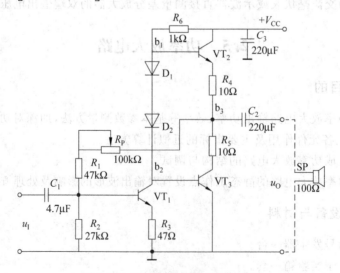

图 2.12　OTL 甲乙类互补对称电路

功率放大电路主要参数与计算如下。

（1）电路的最大输出功率。在理想极限（输出不失真）情况下，OCL 功率放大器的输出功率计算

$$P_{\text{om}} = \frac{1}{2}U_{\text{cem}}I_{\text{cem}} = \frac{U_{\text{cem}}^2}{2R_{\text{L}}} = \frac{\left(\frac{V_{\text{CC}}}{2} - U_{\text{CES}}\right)^2}{2R_{\text{L}}} \approx \frac{V_{\text{CC}}^2}{8R_{\text{L}}}, \quad U_{\text{CES}} \ll \frac{V_{\text{CC}}}{2} \qquad (2\text{-}28)$$

在实际测量时，电路的最大输出功率计算

$$P_{\text{o测}} = U_{\text{o}}I_{\text{o}} = \frac{U_{\text{o}}^2}{R_{\text{L}}} \qquad (2\text{-}29)$$

其中，U_{o}、I_{o} 为负载两端电压、电流的有效值。

（2）功率放大电路的效率。在理想极限情况下，电源供给的总平均功率计算

$$P_{\text{v}} = \frac{V_{\text{CC}}}{2} \times \frac{\int_0^\pi I_{\text{CM}}\sin\omega t\,\mathrm{d}(\omega t)}{\pi} = \frac{V_{\text{CC}}I_{\text{cm}}}{\pi} \approx \frac{V_{\text{CC}}^2}{2\pi R_{\text{L}}} \qquad (2\text{-}30)$$

实验测试时，可将直流电流表串入供电电路中，在不失真的输出电压下，电流表指示值 I_{co} 与供电电压 V_{CC} 的乘积即为 P_{v}。

OTL 功率放大器的效率计算

$$\eta = \frac{P_{\text{om}}}{P_{\text{v}}}\% \approx \left(\frac{V_{\text{CC}}^2}{8R_{\text{L}}} \times \frac{2\pi R_{\text{L}}}{V_{\text{CC}}^2}\right)\% = \frac{\pi}{4}\% = 78.5\% \qquad (2\text{-}31)$$

实验测量时放大器的效率计算

$$\eta_{\text{实验}} = \frac{U_{\text{o}}^2}{V_{\text{CC}}I_{\text{co}}R_{\text{L}}}\% \qquad (2\text{-}32)$$

（3）集电极最大允许电流 I_{CM} 计算

$$I_{\text{CM}} > I_{\text{cm}} = \frac{\frac{V_{\text{CC}}}{2} - U_{\text{CES}}}{R_{\text{L}}} \approx \frac{V_{\text{CC}}}{2R_{\text{L}}} \qquad (2\text{-}33)$$

（4）集电极最大允许反向电压 $U_{\text{(BR)CEO}}$ 计算

$$U_{\text{(BR)CEO}} > V_{\text{CC}} \qquad (2\text{-}34)$$

（5）集电极最大允许好散功率 P_{CM} 计算

$$P_{\text{CM}} > P_{\text{Tm}} = \frac{V_{\text{CC}}^2}{\pi^2 R_{\text{L}}} \approx 0.2P_{\text{om}} \qquad (2\text{-}35)$$

2. 集成功率放大电路

集成功率放大器依据用途有通用型和专用型两种。由于集成工艺限制或电路调节技术指标需要，可在放大器的外围接入相关元件。以集成功率放大器 A（如 LM386）为基础的典型电路结构如图 2.13 所示。C_1、C_3 阻止交流干扰信号通过电源耦合到电路各级；R_1、C_5 串联构成校正网络用来进行相位补偿消除高频自激振荡；C_4 为电路输出

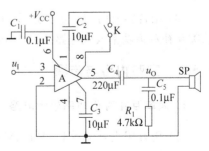

图 2.13　集成功率放大器的电路

电容。

图 2.13 所示电路工作原理分析如下。

(1) K 断开时,器件 1、8 引脚开路,集成功率放大器电压放大倍数为 $A_u=20$ 倍,改变输入信号大小可调节扬声器的音量。电路静态时,输出电容 C_4 上的电压为 $\dfrac{V_{CC}}{2}$,放大器的最大不失真输出电压的峰峰值约为电源电压 V_{CC}。设扬声器电阻为 R_L,电路最大输出功率计算:

$$P_{omax} \approx \frac{\left(\dfrac{V_{CC}}{2\sqrt{2}}\right)^2}{R_L} = \frac{V_{CC}^2}{8R_L} \tag{2-36}$$

电路的输出电压有效值计算:

$$U_i = \frac{V_{CC}}{2\sqrt{2}A_u} \tag{2-37}$$

(2) K 闭合时,由于器件 1、8 引脚闭合,C_2 在交流通路中短路,集成功率放大器电压放大倍数为 $A_u=200$ 倍。改变输入信号大小可调节扬声器的音量。电路静态时,输出电容 C_4 上的电压为 $\dfrac{V_{CC}}{2}$,放大器的最大不失真输出电压的峰峰值约为电源电压 V_{CC}。设扬声器电阻为 R_L,则电路最大输出功率计算:

$$P_{omax} \approx \frac{\left(\dfrac{V_{CC}}{2\sqrt{2}}\right)^2}{R_L} = \frac{V_{CC}^2}{8R_L} \tag{2-38}$$

电路的输出电压有效值计算:

$$U_i = \frac{V_{CC}}{2\sqrt{2}A_u} \tag{2-39}$$

2.5.5 Multisim 仿真实验内容

在 Multisim 10 软件平台上构建 OTL 甲乙类互补对称功率放大电路,如图 2.14 所示。

(1) 利用 Multisim 直流工作点分析功能测量如图 2.14 所示的静态工作点。

(2) 在输入端加正弦输入信号 U_i,利用虚拟示波器观察电路输入、输出信号波形并分析。

(3) 结合实验内容与步骤连接 OTL 乙类互补对称功率放大仿真电路,并与 OTL 甲乙类互补对称功率放大电路 Multisim 仿真结果和实验结果进行比较分析。

2.5.6 实验内容与步骤

1. 简单互补对称功率放大电路

(1) 用万用表测试 VT_1、VT_2、VT_3 的好坏,按图 2.12 连接电路。

(2) 在电路输入端加入 $U_i=1V$,$f=1kHz$ 的正弦信号。逐渐增大输入电压,用示波

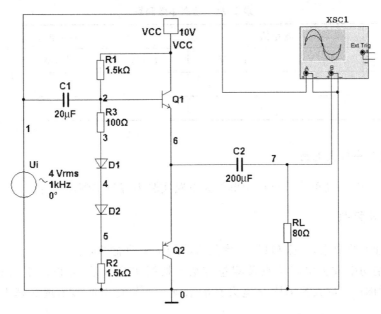

图 2.14 OTL 甲乙类互补对称功率放大电路仿真电路图

器观察负载两端的输出信号。调节 R_P,直到输出信号正负半周同时出现削顶失真为止。令输入信号 U_i 为零,按表 2.19 测量各参数并记录。

表 2.19 静态工作点测量

	U_{BEQ1}	U_{BEQ2}	U_{BEQ3}	U_{b3}
测量值/V				

(3)动态测试。

① 在电路输入端加入 $U_i=1V$、$f=1kHz$ 的正弦信号,观察电路输出波形。逐步增大输入信号幅度,获得最大不失真输出电压。按表 2.20 内容测量并计算相关参数。

② 保持最大不失真输出电压不变,接入负载 R_L,按表 2.20 内容测量并计算相关参数。

表 2.20 动态参数测算

R_L/Ω	测量值		计算值		
	U_i/V	U_o/V	P_o/W	P_v/W	η
∞					
8					

③ 调节 R_P,使 U_{b3} 电位约为 3V,观察输出电压波形,测试表 2.21 各项数据。

④ 改变电源电压为 6V,按表格 2.21 内容重新测量并计算相关参数。观察电源电压变化对放大器电路的影响。

表 2.21 动态参数测算

R_L/Ω	测量值		计算值		
	U_i/V	U_o/V	P_o/W	P_v/W	η
∞					
8					

2. 集成功率放大电路

参照图 2.13 及简单互补对称功率放大电路实验内容与步骤设计并完成测试。

2.5.7 实验报告

(1) 整理实验数据,计算 OTL 功率放大器的主要性能指标。

(2) 总结功率放大电路特点及测量方法。根据实验结果,分析产生失真的原因及 OTL 互补对称功率放大器消除交越失真的措施。如果输出波形出现交越失真,应如何调节?

2.5.8 思考题

(1) 实验电路中二极管的作用是什么? 若有一只二极管接反,会产生什么样的结果?

(2) 分析 R_L 对各参数的影响。

2.6 RC 正弦波振荡电路

2.6.1 实验目的

(1) 掌握 RC 文氏电桥正弦波振荡电路的调整、测试方法;观察 RC 参数对振荡频率的影响,学习 RC 正弦波振荡器的组成及其振荡条件,学习信号发生电路振荡频率的测定方法。

(2) 熟悉 RC 文氏电桥正弦波振荡电路的构成及工作原理。

(3) 了解集成运放的具体应用。

2.6.2 实验设备与材料

(1) 函数信号发生器一台。

(2) 模拟电子实验箱一套。

(3) 双踪示波器一台。

(4) 交流毫伏表一台。

(5) 数字万用表一台。

(6) Multisim 虚拟实验平台一套。

2.6.3　实验准备

（1）复习教材中有关 3 种类型 RC 振荡器的结构与工作原理；熟悉实验采用集成运算放大器的参数及引脚结构。

（2）分析图 2.15 电路的工作过程，掌握电路正反馈支路组成及特性，了解改变电路振荡频率的方法。

（3）计算图 2.15 电路的振荡频率，欲使振荡器能正常工作，电位器滑动端应在什么位置？两部分大小是多少？

（4）考虑如何用示波器来测量振荡电路的振荡频率。

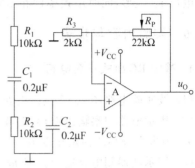

图 2.15　文氏电桥振荡器实验电路原理图

2.6.4　实验原理

正弦波振荡电路将直流电能转换为一定频率和幅值的正弦交流信号，是在通信、控制工程和计算机技术等领域广泛采用的波形发生电路之一。按选频电路的不同，正弦波振荡电路可分为 RC 振荡电路和 LC 振荡电路。

RC 正弦波振荡电路，又称为文氏桥正弦波振荡器，如图 2.15 所示。由集成运放组成的 RC 串并联正弦波振荡电路主要由放大电路和反馈网络两部分组成：电阻 $R_1 = R_2 = R$ 和电容 $C_1 = C_2 = C$ 构成串并联选频网络；集成运算放大器 A 和电阻 R_3、R_P 构成放大环节。根据振荡条件，当满足 $f = f_P = \dfrac{1}{2\pi RC}$，$R_P = 2R_3$ 时，电路满足自激振荡的条件。

2.6.5　Multisim 仿真实验内容

在 Multisim 10 软件平台上构建 RC 移相式振荡器电路仿真测试电路，如图 2.16 所示。

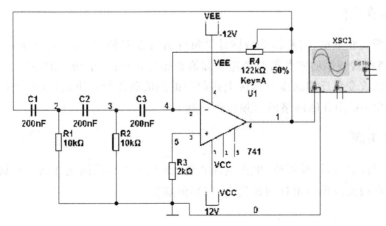

图 2.16　RC 移相式振荡器仿真电路图

（1）按图 2.16 连接线路。

（2）断开 RC 移相电路，调整放大器的静态工作点，测量放大器电压放大倍数。

（3）接通 RC 移相电路，调节 R_4 使电路起振，并使输出波形幅度最大，用示波器观测输出电压 u_O 波形，同时用频率计和示波器测量振荡频率，并与理论值比较。

2.6.6　实验内容与步骤

1.　基本 RC 桥式振荡电路

（1）按实验电路图 2.15 接好电路，注意电路中元件参数的合理性。

（2）用示波器观察输出波形，若输出无波形或输出波形出现明显失真，应调节 R_p，使输出 u_O 为失真较小的稳定正弦波。

（3）用示波器测电路输出信号 u_O 的频率。

（4）用李萨如图形法测定，测量信号的频率并与（3）测试结果比较。将振荡器输出端接至示波器的 Y1 输入端，将函数发生器的输出正弦波信号接至示波器的 Y2 输入端，并将"拉 Y2(X)"控制开关拉出，使 Y2 变成 X 轴。将 Y 轴及 X 轴衰减旋钮调到合适位置，然后调节函数发生器的频率，当振荡器的输出频率与函数发生器的频率相等时，示波器荧光屏上将出现一个圆形或椭圆形。此时函数发生器的频率即为被测频率。

（5）测定运算放大器放大电路的闭环电压放大倍数 A_{uf}。先测出电路的输出电压 u_O 值；关断实验箱电源，保持 R_p 及信号发生器频率不变，断开图 2.15 中同相输入接线，把低频信号发生器的输出电压接至一个 $1\text{k}\Omega$ 的电位器上，再从 $1\text{k}\Omega$ 电位器的滑动接点取 u_1 接至运放同相输入端。调节 u_1 使等于输出 U_O 为原值，测定此时的 U_i 值，则

$$A_{uf} = \frac{U_i}{U_O}$$

（6）改变振荡频率。关断实验箱电源开关，在实验箱上设法使文氏桥电容 $C_1 = C_2 = C = 0.1\mu\text{F}$。检查无误后接通电源，适当调节 R_p，使 u_O 无明显失真，测量频率 f_O。

（7）自拟详细步骤，测定 RC 串并联网络的幅频特性曲线。

2.6.7　实验报告

（1）整理实验数据，按所得的数据计算负反馈系数 F 值；分析电路中哪些参数与振荡频率有关；将振荡频率的实测值与理论估算值相比较，分析产生误差的原因。

（2）总结改变负反馈深度对震荡电路起振的幅值条件及输出波形的影响。

（3）做出 RC 串并联网络的幅频特性曲线。

2.6.8　思考题

（1）若元件完好，接线正确，电源电压正常，而 $U_O = 0\text{V}$，原因是什么？应如何解决？

（2）若有输出波形但出现明显失真，应如何解决？

2.7 运算放大电路

2.7.1 设计要求

(1)掌握用集成运算放大电路组成的比例、求和电路、积分与微分电路的特点及性能。

(2)熟悉用集成运算放大电路组成的比例、求和电路、积分与微分电路的测试和分析方法。

(3)掌握用集成运算放大电路组成的比例、求和电路、积分与微分电路的设计方法。

2.7.2 设备与材料

(1)函数信号发生器一台。

(2)模拟电子实验箱一套。

(3)双踪示波器一台。

(4)交流毫伏表一台。

(5)数字万用表一台。

(6)Multisim 虚拟实验平台一套。

2.7.3 设计准备

(1)理解理想运算放大器的概念,复习理想运算放大器工作在线性区和非线性区的特点。

(2)复习各类运算放大电路的分析和计算方法。

2.7.4 设计原理

1. 理想运算放大器的概念

理想运放就是将集成运算放大器的各项技术指标理想化。集成运算放大器的各项主要技术指标如下。

(1)开环差模增益(电压放大倍数)$A_{od} = \infty$。

(2)差模输入电阻 $r_{id} = \infty$。

(3)输出电阻 $r_o = 0$。

(4)共模抑制比 $K_{CMR} = \infty$。

(5)上限截止频率 $f_H = \infty$。

(6)失调电压 U_{IO}、失调电流 I_{IO} 和它们的温漂 α_{UIO}、α_{IIO} 均为零,且无任何内部噪声。

在分析运放电路工作原理和输入输出关系时,运用理想运放的概念,有利于抓住事物的本质,简化分析的过程。

2. 理想运放的工作状态

理想运放既可以工作在线性区,也可以工作在非线性区。

1）线性区工作

当集成运放工作在线性区时，输出电压应与输入差模电压成线性关系

$$u_O = A_{od}(u_+ - u_-) \tag{2-40}$$

由于 u_O 为有限值，理想运放 $A_{od} = \infty$，因而 $u_+ - u_- = 0$，即

$$u_+ = u_- \tag{2-41}$$

这种情况称为两个输入端"虚短路"。"虚短路"是指集成运放的两个输入端电位无穷接近，但又不是真正短路的特点。

因为理想运放 $r_{id} = \infty$，所以两个输入端的电流也均为零，即

$$i_+ = i_- = 0 \tag{2-42}$$

这种情况称为两个输入端"虚断路"，即从集成运放输入端看进去相当于断路。"虚断路"是指集成运放的两个输入端的电流趋于零，但又不是真正断路的特点。

2）非线性区工作

输出电压 u_O 只有两种情况：或等于运放的正向最大输出电压 $+U_{OM}$，或等于其负向最大电压 $-U_{OM}$。

当 $u_+ > u_-$ 时

$$u_O = +U_{OM} \tag{2-43}$$

当 $u_+ < u_-$ 时

$$u_O = -U_{OM} \tag{2-44}$$

在非线性区，理想运放的净输入电压 $u_+ - u_-$ 可能很大，即 $u_+ \neq u_-$，也就是说，此时"虚短"现象不复存在。

在非线性区，虽然理想运放两个输入端的电压不等，但是由于理想运放的 $r_{id} = \infty$，故净输入电流为零，即 $i_+ = i_- = 0$。

2.7.5 Multisim 仿真实验内容

1. 同相比例运算电路

在 Multisim 10 平台上构建同相比例放大电路，仿真电路如图 2.17 所示。按表 2.22 和表 2.23 内容进行仿真实验测量并将测量结果填入表内。

（1）按表 2.22 内容实验，并记录测量结果。

表 2.22　同相比例放大电路输出电压测量

u_I/mV		30	100	300	1000	3000
u_O/mV	理论估算					
	实际值					
	误差					

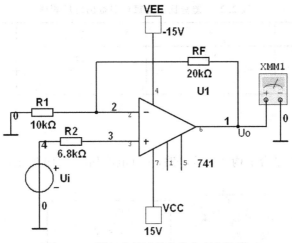

图 2.17　同相比例运算电路仿真电路图

（2）按表 2.23 内容实验，并记录测量结果。

表 2.23　同相比例放大电路动态参数测算

测　试　条　件		理论估算值	实测值
Δu_O			
Δu_{id}	R_L 开路，直流输入信号		
Δu_{R2}	u_1 由 0 变为 800mV		
Δu_{R1}			
Δu_{OL}	R_L 由开路变为 $5.1k\Omega$，$u_1=800\text{mV}$		

2. 差分比例运算电路

在 Multisim 10 平台上构建差分比例放大电路，仿真电路如图 2.18 所示。按表 2.24 内容进行仿真实验并将测量结果填入表内。

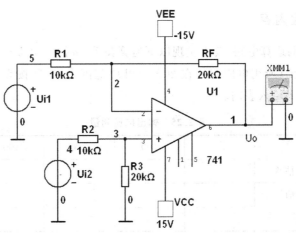

图 2.18　差分比例运算电路仿真电路图

表 2.24 差分比例运算电路输出电压测量

u_{I1}/V	1	2	0.2
u_{I2}/V	0.5	1.8	−0.2
u_O/V			

3. 微分电路

在 Multisim 10 平台上构建微分电路,仿真电路如图 2.19 所示。

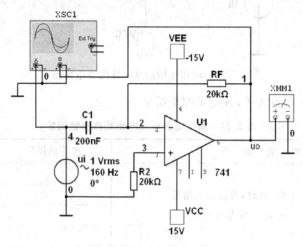

图 2.19　微分电路仿真电路图

（1）输入端接入频率为 $f=160$Hz、幅值为 1V 的正弦波信号,用示波器观察 u_I 和 u_O 波形并测量输出电压。

（2）改变正弦波频率(20~400Hz),观察 u_I 和 u_O 的相位、幅值变化情况并记录。

（3）输入 $f=200$Hz、幅值为 5V 的方波信号,用示波器观察 u_I 和 u_O 波形。

2.7.6　设计实验内容

（1）设计一比例运算电路,要求实现以下运算关系: $u_O=-0.5u_I$。画出电路原理图,并估算各电阻的阻值(所用电阻阻值在 20~200kΩ 范围内)。并按表 2.25 与表 2.26 内容实验并将测量结果填入表内。

表 2.25　输出电压测量

u_I/mV		30	100	300	1000	3000
u_O/mV	理论估算					
	实际值					
	误差					

表 2.26 动态参数测算

测 试 条 件		理论估算值	实测值
Δu_O	R_L 开路,直流输入信号		
Δu_{id}	u_I 由 0 变为 800mV		
Δu_{OL}	R_L 由开路变为 5.1kΩ,$u_I=800\text{mV}$		

（2）设计一个运算电路,要求实现以下运算关系,$u_O=2u_{I1}-5u_{I2}+0.1u_{I3}$,画出电路原理图,并估算各电阻的阻值。并按表 2.27 内容实验并测量记录。

表 2.27 输出电压测量

u_{I1}/mV		30	50
u_{I2}/mV		10	40
u_{I3}/mV		100	300
u_O/mV	理论估算		
	实际值		
	误差		

（3）设计一个反相输入的积分电路,要求其充放电的时间常数 $\tau=0.1\text{s}$。画出电路原理图,并按如下步骤测试电路。

① 取 $u_I=-1\text{V}$,用示波器观察 u_O 的变化。

② 测量饱和输出电压及有效积分时间。

③ 将电路的充放电时间常数改为 $\tau=0.001\text{s}$,u_I 分别输入频率为 100Hz、幅值为 2V 的方波和正弦波信号,观察 u_I 和 u_O 大小及相位关系,并记录波形。

④ 改变输入信号的频率,观察 u_I 和 u_O 大小及相位关系。

2.7.7　设计实验报告

（1）根据实验内容设计实验电路,并选择相应的器件参数。

（2）整理实验数据,绘制设计电路输入输出波形。

（3）分析实验数据,并与理论值进行对比分析。

2.7.8　思考题

（1）反相比例运放电路中存在“虚地”现象,“虚地”与常说的“地”有什么不同?

（2）积分电路输入方波信号、输出三角波信号的幅度大小受哪些因素的制约?

（3）电阻和电容本身就可以构成一个积分器,为什么还要使用运算放大器?

2.8　有源滤波器的设计

2.8.1　设计要求

（1）熟悉有源滤波器的构成及其特性。

（2）掌握二阶有源滤波器的基本设计与调试方法。

（3）掌握二阶有源滤波器的基本测试方法。

2.8.2　设备与材料

（1）函数信号发生器一台。

（2）模拟电子实验箱一套。

（3）双踪示波器一台。

（4）交流毫伏表一台。

（5）数字万用表一台。

（6）Multisim 虚拟实验平台一套。

2.8.3　设计准备

（1）了解有源滤波器的分类及各项滤波参数的意义。

（2）掌握低通滤波器、高通滤波器、带通滤波器、带阻滤波器的工作原理和分析方法。

2.8.4　设计原理

1. 有源滤波器分类及应用

对信号进行分析与处理时，常常会遇到有用信号叠加上无用噪声的问题，这些噪声有的是与信号同时产生的，有的是传输过程中混入的。因此，从接收的信号中消除或减弱干扰噪声，就成为信号传输与处理中十分重要的问题。根据有用信号与噪声的不同特性，消除或减弱噪声，提取有用信号的过程称为滤波，实现滤波功能的系统称为滤波器。

滤波器分为无源滤波器和有源滤波器两种。

（1）无源滤波器

无源滤波器由电感 L、电容 C 及电阻 R 等无源元件组成。

（2）有源滤波器

有源滤波器一般由集成运放与 RC 网络构成，它具有体积小、性能稳定等优点，同时，由于集成运放的增益和输入阻抗都很高，输出阻抗很低，故有源滤波器还兼有放大与缓冲作用。利用有源滤波器可以放大有用频率的信号，衰减无用频率的信号，抑制干扰和噪声，以达到提高信噪比或选频的目的，因而有源滤波器被广泛应用于通信、测量及控制技术中的小信号处理。从功能上来看有源滤波器分为低通滤波器（LPF）、高通滤波器（HPF）、带通滤波器（BPF）、带阻滤波器（BEF）、全通滤波器（APF）。

其中前 4 种滤波器间有联系，LPF 与 HPF 间互为对偶关系。当 LPF 的通带截止频率高于 HPF 的通带截止频率时，将 LPF 与 HPF 相串联，就构成了 BPF，而 LPF 与 HPF 并联，就构成 BEF。在实用电子电路中，还可以同时采用几种不同形式的滤波电路。滤波电路的主要性能指标有通带电压放大倍数 A_{up}、通带截止频率 f_o 及等效品质因数 Q 等。

2. 二阶有源滤波器的工作原理

二阶有源滤波器是一种信号检测及传递系统中常用的基本电路，也是高阶滤波器的基本组成单元。

(1) 二阶有源低通滤波器如图 2.20 所示。

它由两节 RC 滤波电路和同相比例放大电路组成，在集成运放输出到集成运放同相输入之间引入一个负反馈，在不同的频段，反馈的极性不相同，当信号频率 $f \gg f_0 (f_0$ 为二阶有源低通滤波器的上限截止频率)时，电路的每级 RC 电路的相移趋于 $-90°$，两级 RC 电路的移相到 $-180°$，电路的输出电压与输入电压的相位相反，故此时通过电容 C_1 引到集成运放同相端的反馈是负反馈，反馈信号将起着削弱输入信号的作用，使电压放大倍数减小，所以该反馈将使二阶有源低通滤波器的幅频特性高频端迅速衰减，只允许低频端信号通过。二阶有源低通滤波器的特点是输入阻抗高，输出阻抗低。

二阶有源低通滤波器的电压放大倍数为

$$A_u = \frac{\dot{U}_O}{\dot{U}_1} = \frac{A_{up}}{1 + (3 - A_{up}) + j\frac{1}{Q} \cdot \frac{f}{f_0}} \tag{2-45}$$

式(2-45)中，二阶有源低通滤波器的通带电压放大倍数 $A_{up} = 1 + \frac{R_2}{R_1}$。

等效品质因数 $Q = \frac{1}{3 - A_{up}}$，它的大小影响低通滤波器在截止频率处幅频特性的形状。

截止频率 $f_0 = \frac{1}{2\pi RC}$，它是二阶有源低通滤波器通带与阻带的界限频率。

注意：当 $3 - A_{up} = 0$ 时，滤波电路将产生自激振荡，为避免发生此种情况，在选择电路元件参数时应使 $R_2 < 2R_1$。

(2) 二阶有源高通滤波器。

高通滤波器与低通滤波器几乎具有完全的对偶性，将图 2.20 中的 R 与 C 的位置互换就构成了图 2.21 所示的二阶有源高通滤波器。

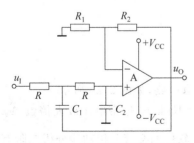

图 2.20　二阶有源低通滤波器

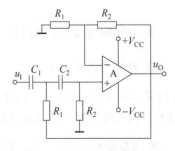

图 2.21　二阶有源高通滤波器

二阶有源高通滤波器的电压放大倍数为

$$A_u = \frac{\dot{U}_O}{\dot{U}_i} = \frac{A_{up}}{1 - \left(\frac{f_0}{f}\right)^2 - j \frac{1}{Q} \cdot \frac{f_0}{f}} \qquad (2\text{-}46)$$

式(2-46)中,二阶有源高通滤波器的通带电压放大倍数 $A_{up} = 1 + \frac{R_2}{R_1}$,等效品质因数 $Q = \frac{1}{3 - A_{up}}$,截止频率 $f_0 = \frac{1}{2\pi RC}$。

(3) 带通滤波器。

带通滤波器的作用是允许某一段频带范围内的信号通过,而将此频带以外的信号阻断。带通滤波器常用于抗干扰设备中,以便接受某一频带范围内的有效信号,而消除高频段和低频段的干扰和噪声。

从原理上说,将一个通带截止频率为 f_2 的低通滤波器和一个通带截止频率为 f_1 的高通滤波器串联起来,当满足条件 $f_2 > f_1$ 时,即可构成带通滤波器,其原理示意图如图 2.22 所示。

(4) 带阻滤波器。

带阻滤波器的作用与带通滤波器相反,即在规定的频带内,信号被阻断,而在此频带之外,信号能够顺利通过。带阻滤波器也常用于抗干扰设备中阻断某个频带内的干扰与噪声信号通过。

从原理上说,将一个通带截止频率为 f_1 的低通滤波器和一个通带截止频率为 f_2 的高通滤波器串联起来,当满足条件 $f_2 > f_1$ 时,即可构成带阻滤波器,其原理示意图如图 2.23 所示。

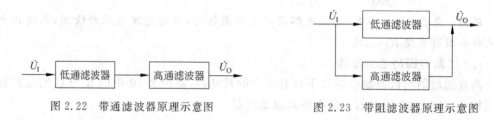

图 2.22　带通滤波器原理示意图　　　　图 2.23　带阻滤波器原理示意图

2.8.5　Multisim 仿真实验内容

1. 二阶有源低通滤波器

在 Multisim 10 软件平台上构建低通滤波器仿真电路,如图 2.24 所示。

由图可知,二阶有源低通滤波器的截止频率 $f_0 = 100\text{kHz}$,通带电压放大倍数 $A_{up} = 2$,则等效品质因数 $Q = \frac{1}{3 - A_{up}} = 1$。利用 Multisim 10 软件的交流分析功能分析二阶有源低通滤波器的频率特性,并记录。

2. 带通滤波器

在 Multisim 10 软件平台上构建带通滤波器仿真电路,如图 2.25 所示。

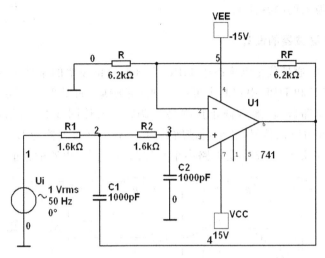

图 2.24　二阶有源低通滤波器仿真电路图

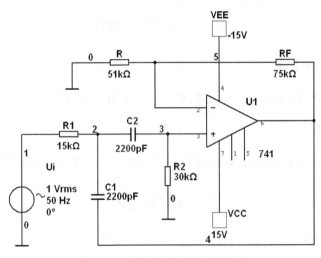

图 2.25　带通滤波器仿真电路图

根据电路给定的参数计算带通滤波器的通带电压放大倍数 A_{up}、品质因数 Q、中心频率 f_0 以及通带宽度 B。然后,利用 Multisim 10 软件的交流分析功能分析带通滤波器的频率特性,并记录。

2.8.6　设计实验内容

1. 二阶有源低通滤波器的设计

修改图 2.24 二阶有源低通滤波器,将反馈电阻 R_F 换成 22kΩ 的电位器,同时修改其他电路参数,使二阶有源低通滤波器的品质因数 $Q=2$(仔细思考应改变电路中的哪个参数,改为何值),并利用 Multisim 10 仿真软件对改进后的电路进行交流分析功能的仿真,对比品质因数在不同值时,二阶有源低通滤波器频率特性的变化。同时,说明接入电位器

R_F 后,可改善滤波器的哪些性能。

2. 宽带带通滤波器的设计

在满足 LPF 的通带截止频率高于 HPF 的通带截止频率的条件下,把相同元件压控电压滤波器的 LPF 和 HPF 串接起来可以实现通带响应,如图 2.26 所示。用该方法构成的通带滤波器的通带较宽,通带截止频率易于调整。若使图 2.26 所示电路能抑制低于300Hz 和高于 3000Hz 的信号,整个通带增益为 8dB,运算放大器为 LM741(LM741 的主要技术指标见参考文献)。试设定电路中个元件的值并测试电路的性能。

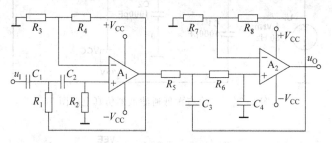

图 2.26 宽带带通滤波器

2.8.7 设计实验报告

整理实验数据,画出各电路波特图,并与计算值对比分析误差。

2.8.8 思考题

由集成运算放大器组成的 RC 有源滤波器的最高工作频率受什么因素的限制?

2.9 电压比较器

2.9.1 设计要求

(1)掌握电压比较器的构成、特点及工作原理。
(2)学会设计和调试电压比较器的方法。

2.9.2 设备与材料

(1)函数信号发生器一台。
(2)模拟电子实验箱一套。
(3)双踪示波器一台。
(4)交流毫伏表一台。
(5)数字万用表一台。
(6)Multisim 虚拟实验平台一套。

2.9.3　设计准备

（1）掌握电压比较器阈值电压的概念与求解方法。

（2）理解电压比较器传输特性曲线的意义。

2.9.4　设计原理

电压比较器是一种常用的单元电路。它可以对输入信号进行比较及鉴别,常用于报警器电路、自动控制电路、测量技术,也可用于 V/F 变换电路、A/D 变换电路、高速采样电路、电源电压监测电路、振荡器及压控振荡器电路、过零检测电路等。电压比较器的集成运算放大器一般工作在开环或正反馈的状态下。保证集成运放工作在非线性区。

当比较器的输出电压由一种状态跳变为另一种状态时,相应的输入电压通常称为阈值电压或门限电平。利用阈值电压可绘制电压比较器的电压传输特性曲线,通过电压传输特性曲线可以分析电压比较器的原理。

根据比较器的阈值电压和传输特性来分类,常用的比较器有过零比较器、单限比较器、滞回比较器和双限比较器等。

滞回电压比较器的电路图如图 2.27 所示。该比较器是一个具有迟滞回环传输特性的比较器。由于正反馈作用,这种比较器的门限电压随输出电压 u_o 的变化而变化。在实际电路中为了满足负载的需要,通常在集成运放的输出端加稳压管限幅电路,从而获得合适的 u_{OH} 和 u_{OL}。

由图 2.27 可知

$$u_+ = \frac{R_1}{R_1 + R_2}u_o + \frac{R_2}{R_1 + R_2}u_i \tag{2-47}$$

电路翻转时

$$u_+ \approx u_- = 0 \tag{2-48}$$

即得

$$u_i = u_{th} = -\frac{R_1}{R_2}u_o \tag{2-49}$$

滞回电压比较器的电压传输特性曲线如图 2.28 所示。

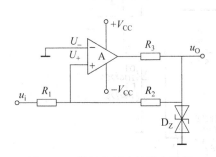

图 2.27　滞回电压比较器电路图

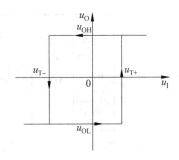

图 2.28　滞回电压比较器的电压传输特性曲线

2.9.5 Multisim 仿真实验内容

1. 过零比较器

在 Multisim 10 平台上构建过零比较器仿真电路,如图 2.29 所示。

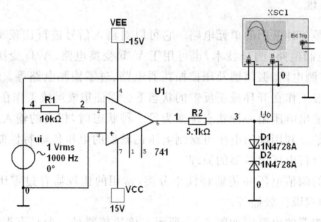

图 2.29 过零比较器仿真电路图

(1) 按图接线 u_i 悬空时,测 u_o 电压值。

(2) u_i 输入频率为 1kHz,有效值为 1V 的正弦波,观察 u_i—u_o 波形并记录。

(3) 改变 u_i 幅值,观察 u_o 变化。

2. 反相滞回比较器

在 Multisim 10 平台上构建反相滞回比较器仿真电路,如图 2.30 所示。

(1) 按图接线,并将 R_F 调为 100kΩ,u_i 接 DC 电压源,测出 u_o 由 $+U_{om}$ 变为 $-U_{om}$ 的 u_i 临界值。

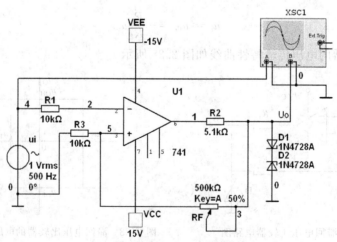

图 2.30 反向滞回比较器仿真电路图

（2）按照与（1）相同的步骤测出 u_o 由 $-U_{om}$ 变为 $+U_{om}$ 的 u_i 临界值。

（3）u_i 输入频率为 $500\mathrm{Hz}$、有效值为 $1\mathrm{V}$ 的正弦波，观察 u_i-u_o 波形并记录。

（4）将电路中的 R_F 调为 $200\mathrm{k}\Omega$，重复上述实验。

3. 同相滞回比较器

在 Multisim 10 平台上构建同相滞回比较电路仿真电路，如图 2.31 所示。

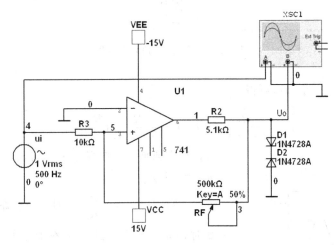

图 2.31　同相滞回比较器仿真电路图

（1）按图接线，并将 R_F 调为 $100\mathrm{k}\Omega$，u_i 接 DC 电压源，测出 u_o 由 $+U_{om}$ 变为 $-U_{om}$ 的 u_i 临界值。

（2）按照与（1）相同的步骤测出 u_o 由 $-U_{om}$ 变为 $+U_{om}$ 的 u_i 临界值。

（3）u_i 输入频率为 $500\mathrm{Hz}$，有效值为 $1\mathrm{V}$ 的正弦波，观察 u_i-u_o 波形并记录。

（4）将电路中的 R_F 调为 $200\mathrm{k}\Omega$，重复上述实验。

2.9.6　设计实验内容

方波-三角波发生器的设计：由集成运算放大器构成的方波-三角波发生器，一般包括比较器和积分器两大部分。由滞回比较器和积分电路所构成的方波-三角波发生器如图 2.32 所示。

1. 方波-三角波发生器的工作原理

A_1 构成迟滞比较器，同相端电位 u_+ 由 u_{O1} 和 u_{O2} 决定。

利用叠加定理可得

$$u_+ = \frac{R_1}{R_1+R_2}u_{O1} + \frac{R_2}{R_1+R_2}u_{O2} \tag{2-50}$$

当 $u_+>0$ 时，A_1 输出为正，即 $u_{O1}=+U_Z$；当 $u_+<0$，A_1 输出为负，即 $u_{O1}=-U_Z$。

A_2 构成反相积分器，当 u_{O1} 为负时，u_{O2} 向正向变化，u_{O1} 为正时，u_{O2} 向负向变化。假设电源接通时 $u_{O1}=-U_Z$，线性增加。

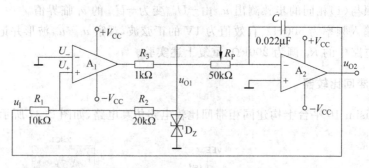

图 2.32　方波-三角波发生器

（1）当 $u_{O2} = \dfrac{R_1}{R_2} U_Z$ 时,可得

$$u_+ = \frac{R_1}{R_1 + R_2}(-U_Z) + \frac{R_2}{R_1 + R_2}\left(\frac{R_1}{R_2} U_Z\right) = 0 \tag{2-51}$$

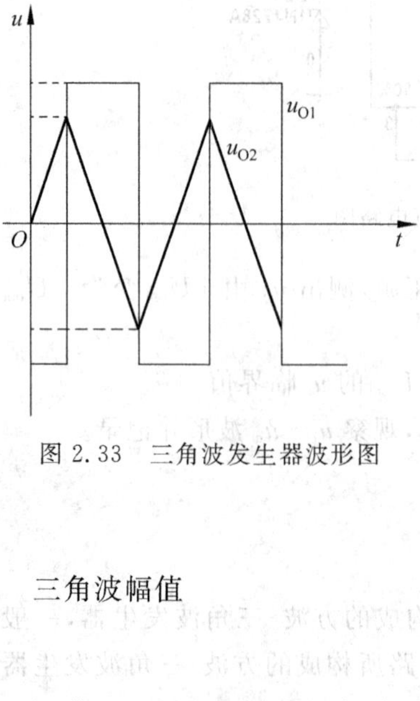

u_{O2} 上升到使 u_+ 略高于 0V 时,A_1 的输出翻转到 $u_{O1} = +U_Z$。

（2）当 $u_{O2} = -\dfrac{R_1}{R_2} U_Z$ 时,u_{O2} 下降到使 u_+ 略低于 0 时,$u_{O1} = -U_Z$。这样不断地重复,就可以得到方波 U_{O1} 和三角波 u_{O2}。其输出波形如图 2.33 所示。输出方波的幅值由稳压管 D_Z 的稳定电压决定,被限制在稳压值 $\pm U_Z$ 之间。

电路的振荡频率

$$f_0 = \frac{R_2}{4 R_1 R_W C} \tag{2-52}$$

图 2.33　三角波发生器波形图

方波幅值

$$u_{O1} = \pm U_Z \tag{2-53}$$

三角波幅值

$$u_{O2} = \frac{R_1}{R_2} U_Z \tag{2-54}$$

调节 R_W 可改变振荡频率,但三角波的幅值也随之而变化。

2. 设计要求

（1）参照图 2.32 设计各元件参数,产生方波及三角波信号(要求输出波形的频率为 100Hz～20kHz,输出波形幅度范围 0～10V)。

（2）调节电位器 R_P,观察输出信号变化。

2.9.7　设计报告

（1）整理实验数据及波形图。

（2）总结几种电压比较器的特点。

2.9.8 思考题

（1）滞回比较器与一般的电压比较器相比有何优点？

（2）滞回比较器输出电压的上升时间和下降时间与什么因素有关？如何减小上升时间和下降时间？

（3）如何对方波-三角波电路发生器进行改进，使之产生占空比可调的矩形波和锯齿波信号？

第3章 数字电子学基础实验

3.1 TTL、CMOS门电路逻辑功能测试

3.1.1 实验目的

(1) 掌握数字电路实验箱及示波器的使用方法。

(2) 掌握门电路的逻辑功能测试方法。

(3) 掌握 TTL 门电路的使用规则。

3.1.2 实验设备与材料

(1) 数字万用表一台。

(2) 数字电路实验箱一套。

(3) 元器件:

• 74LS20 二 4 输入与非门一片;

• 74LS00 四 2 输入与非门二片;

• 74LS86 四 2 输入异或门一片。

3.1.3 实验准备

(1) 熟悉门电路的工作原理及其相应的逻辑表达式。

(2) 熟悉 74LS20、74LS00 集成门电路的引脚排列位置及各引脚的用途。

(3) 熟悉数字电路实验箱的使用。

3.1.4 实验原理

门电路按电路结构可分为 TTL 电路产品系列和 CMOS 电路产品系列。TTL 门电路应用十分普遍,其主要特点是发展早、生产工艺成熟,是中小规模集成电路的主流电路产品,我国相继生产的产品有 74、74H、74S、74LS 四个系列。CMOS 门是构成各种 CMOS 电路的基本单元,发展十分迅速。CMOS 集成电路的主要特点是功耗低、电源电压范围宽、抗干扰能力强、逻辑摆幅大、输入电阻高、集成度高、温度稳定性好等特点。

本实验仿真电路采用 CMOS 门电路,测试电路采用 TTL 门电路。

74LS20 集成芯片内含有两个相互独立的与非门,每个与非门有 4 个输入端;74LS00 集成芯片内含有 4 个相互独立的与非门,每个与非门有两个输入端;74LS86 集成芯片内含有 4 个相互独立的异或门,每个异或门有两个输入端。集成芯片 74LS00 和 74LS20 实现与非逻辑功能,即当输入端中有一个或一个以上是低电平时,输出就为高电平;只有当输入端全部为高电平时,输出端才是低电平。集成芯片 74LS86 实现异或逻辑功能,即当

输入端电平相同时输出为低电平,输入端电平不相同时输出为高电平。

3.1.5 Multisim 仿真实验内容

在 Multisim 10 平台上构建由双 3 输入端或非门 4000BD_5V(CMOS 器件)组成的组合逻辑电路,如图 3.1 所示。试先分析电路的逻辑功能,写出逻辑电路的逻辑表达式。然后使用 Multisim 10 对电路进行仿真,通过逻辑转换仪对电路的逻辑功能进行分析,并与理论分析相比较。

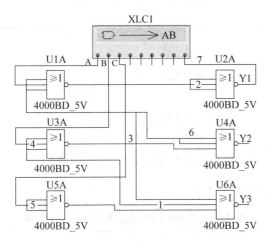

图 3.1 4000BD 门电路构成的组合逻辑电路

3.1.6 实验内容与步骤

1. 测试 74LS20 门电路的逻辑功能

(1) 在实验箱合适的位置选取一个 14P(引脚)的插座,插好 74LS20,按图 3.2 连接电路。输入端 A、B、C、D 按表 3.1 输入逻辑电平,输出端 Y 接发光二极管,观察二极管的发光状态,用数字万用表测量输出电压。

(2) 将测量结果填入表 3.1 中。

图 3.2 74LS20 门电路的逻辑功能测试电路

2. 测试 74LS00 门电路的逻辑功能

(1) 在实验箱合适的位置选取一个 14P 的插座,并插好 74LS00,按图 3.3 连接电路、输入端 A、B、C、D 按表 3.2 输入逻辑电平,输出端 Y_1、Y_2、Y_3 接电平显示发光二极管,并用数字万用表测量输出电压。

表 3.1 74LS20 门电路的逻辑功能测试结果

输		入		输	出
A	B	C	D	Y	Y 电压/V
H	H	H	H		
L	H	H	H		
L	L	H	H		
L	L	L	H		
L	L	L	L		

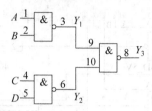

图 3.3 74LS00 门电路的逻辑功能测试电路

（2）将测量结果填入表 3.2 中。

表 3.2 74LS00 门电路的逻辑功能测试结果

输		入		输		出	
A	B	C	D	Y_1	Y_2	Y_3	Y_3 电压/V
L	L	L	L				
H	L	L	L				
H	H	L	L				
H	H	H	L				
H	H	H	H				
L	H	L	H				

3. 测试 74LS86 门电路的逻辑功能

（1）在实验箱合适的位置选取一个 14P 的插座，并插好 74LS86，按图 3.4 连接电路、输入端 A、B、C、D 按表 3.3 输入逻辑电平，输出端 Y_1、Y_2、Y_3 接电平显示发光二极管，观察发光状态并用数字万用表测量输出电压。

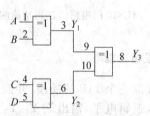

图 3.4 74LS86 门电路的逻辑功能测试电路

（2）将测量结果填入表3.3中。

表3.3　74LS86门电路的逻辑功能测试结果

输　　入				输　　出			
A	B	C	D	Y_1	Y_2	Y_3	Y_3 电压/V
L	L	L	L				
H	L	L	L				
H	H	L	L				
H	H	H	L				
H	H	H	H				
L	H	L	H				

4. 用74LS00构成其他门电路并测试其逻辑功能

1）用74LS00构成异或门

将74LS00按图3.5连接电路。

将输入按表3.4接逻辑电平开关,将逻辑输出结果填入表3.4中,写出该电路的逻辑表达式。

2）用74LS00构成或非门

将或非门逻辑表达式转换为与非门逻辑表达式,并画出逻辑电路图,按逻辑电路连线并进行测试,将结果填入表3.5中。

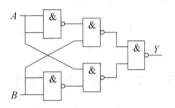

图3.5　74LS00构成异或门

表3.4　74LS00构成异或门测试结果

输　　入		输　　出
A	B	Y
L	L	
L	H	
H	L	
H	H	

表3.5　74LS00构成或非门测试结果

输　　入		输　　出
A	B	Y
L	L	
L	H	
H	L	
H	H	

3.1.7　实验报告

（1）整理各实验数据并对结果进行分析。

（2）画出用 74LS00 构成或非门要求的逻辑电路图。

（3）总结门电路的使用特点。

3.1.8　思考题

（1）TTL、CMOS 门电路的多余输入端能否悬空？为什么？

（2）怎样判断门电路逻辑功能是否正常？

（3）与非门和或非门是否可以构成反相器？为什么？

3.2　组合逻辑电路分析

3.2.1　实验目的

（1）掌握组合逻辑电路的分析方法与功能测试方法。

（2）验证半加器和全加器的逻辑功能。

3.2.2　实验设备与材料

（1）数字电路实验箱一套。

（2）元器件：

- 74LS00 四 2 输入与非门三片；
- 74LS86 四 2 输入异或门一片；
- 74LS54 四组输入与或非门一片。

3.2.3　实验准备

（1）掌握二进制数的算术运算规则。

（2）熟悉 74LS00、74LS86、74LS54 集成门电路的引脚排列位置及各引脚用途。

（3）熟悉半加器和全加器的逻辑表达式。

（4）熟悉用与非门、异或门和与或非门构成半加器和全加器的工作原理。

3.2.4　实验原理

1. 组合逻辑电路的分析方法

组合逻辑电路分析的目的是为了确定电路的逻辑功能，或者是为了变换电路的结构形式，以便采用其他门电路或中、大规模集成电路实现。

组合逻辑电路的分析方法如下。

（1）根据给定的逻辑电路图逐级写出各门电路的输出逻辑函数，最终写出输入与输出的逻辑函数表达式。

（2）将所得逻辑函数进行化简,当变量较少时可以采用图形法或公式法,当逻辑变量较多时一般采用公式法,以此得到输出函数的最简与或表达式。

（3）根据最简逻辑表达式列出输出函数的真值表。

（4）说明给定电路的逻辑功能。

2. 半加器和全加器的工作原理

1）半加器的工作原理

半加器实现的逻辑功能是两个 1 位二进制数相加,半加运算规则共为 3 种情况:$0+0=0$;$0+1=1$;$1+1=10$。可见,半加结果有两位输出,一位是半加和,另一位是半加进位。

2）全加器的工作原理

全加器实现的逻辑功能是两个同位的加数和来自低位的进位三者相加,全加运算规则共为 4 种情况:$0+0+0=0$;$0+0+1=1$;$0+1+1=10$;$1+1+1=11$。可见,全加结果有两位输出,一位是全加和,另一位是全加进位。

3.2.5 Multisim 仿真实验内容

在 Multisim 10 平台上构建由 74LS138 和 74LS20 构成的二进制数全加器。如图 3.6 所示,试先分析电路的逻辑功能,写出逻辑电路的逻辑表达式。使用 Multisim 10 对电路进行仿真,并与理论分析相比较。

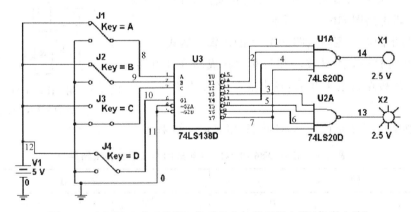

图 3.6　74LS138 和 74LS20 构成的全加器逻辑电路(仿真电路)

3.2.6 实验内容与步骤

1. 74LS00 构成的组合逻辑电路功能测试

（1）用两片 74LS00 组成图 3.7 所示的逻辑电路,自己在图中注明芯片编号及各引脚的序号。

（2）按表 3.6 要求,改变 A、B、C 的逻辑电平开关状态,记录结果并依据表 3.6 写出逻辑表达式。

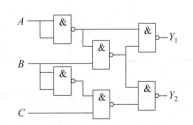

图 3.7　74LS00 构成的组合逻辑电路

表 3.6　与非门构成组合逻辑电路测试结果

输　　　入			输　　　出	
A	B	C	Y_1	Y_2
0	0	0		
0	0	1		
0	1	1		
1	1	1		
1	1	0		
1	0	0		
1	0	1		
0	1	0		

（3）根据图 3.7 逻辑电路图写出逻辑表达式，进行化简并与（2）中逻辑表达式进行比较。

2. 用 74LS86 和 74LS00 组成的半加器的逻辑功能测试

根据半加器的逻辑表达式可知，半加器本位和 Y 是 A、B 的异或，而向高位的进位 Z 是 A、B 相与，故半加器可用一个集成异或门和两个与非门组成，逻辑电路图如图 3.8 所示。

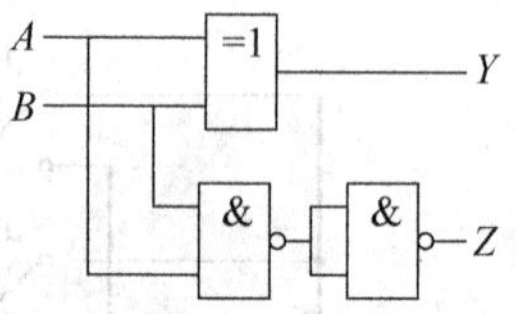

（1）写出图 3.8 逻辑电路的 Y、Z 的逻辑表达式。

（2）在实验箱上用异或门和与非门接成图 3.8 电路，输入端 A、B 接逻辑电平开关，输出端 Y、Z 接电平显示发光二极管。

图 3.8　用 74LS86 和 74LS00 组成的半加器的逻辑电路

（3）按表 3.7 要求改变 A、B 状态，填表记录结果。

表 3.7　用 74LS86 和 74LS00 组成的半加器的测试结果

输　　　入		输　　　出	
A	B	Y	Z
0	0		
1	0		
0	1		
1	1		

3. 用 74LS00 组成的全加器的逻辑功能测试

按原理图 3.9 选择与非门接线并进行测试，将测试结果填入表 3.8 中。

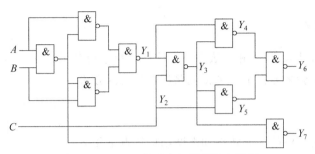

图 3.9 74LS00 构成全加器逻辑电路图

表 3.8 74LS00 构成全加器测试结果

A	B	C	Y_1	Y_2	Y_3	Y_4	Y_5	Y_6	Y_7
0	0	0							
0	1	0							
1	0	0							
1	1	0							
0	0	1							
0	1	1							
1	0	1							
1	1	1							

4. 用 74LS54、74LS86 和 74LS00 组成的全加器的逻辑功能测试

全加器可以用两个半加器和两个与门、一个或门组成,在实验中常用一个双异或门、一个与或非门和一个与非门实现。

(1) 画出用异或门、与或非门和与非门实现全加器的逻辑电路图,并写出逻辑表达式。

(2) 用 74LS54、74LS86 和 74LS00 按(1)画出的全加器的逻辑电路图连线。

(3) 将输入端按表 3.8 输入相应的逻辑电平,并将测试结果填入表 3.9 中。

表 3.9 74LS54、74LS86 和 74LS00 组成的全加器的逻辑功能测试结果

输　　　入			输　　　出	
A	B	C	S	C
0	0	0		
0	1	0		
1	0	0		
1	1	0		
0	0	1		
0	1	1		
1	0	1		
1	1	1		

3.2.7 实验报告

（1）整理实验结果，填入相应表中并对实验结果进行分析。

（2）总结用实验来分析组合逻辑电路逻辑功能的方法。

3.2.8 思考题

（1）组合逻辑电路的功能特点和电路结构特点是什么？

（2）组合逻辑电路的功能表示方法有哪些？

3.3 触 发 器

3.3.1 实验目的

（1）掌握基本 RS、D、JK 触发器的逻辑功能测试方法。

（2）掌握触发器集成芯片的正确使用方法。

3.3.2 实验设备与材料

（1）双踪示波器一台。

（2）数字电路实验箱一套。

（3）元器件：

• 74LS00 四 2 输入与非门一片；

• 74LS74 二上升沿 D 触发器一片；

• 74LS112 二下降沿 JK 触发器一片。

3.3.3 实验准备

（1）熟悉 74LS00、74LS74、74LS112 集成门电路和触发器的引脚排列位置及各引脚的用途。

（2）熟悉 RS、D、JK 触发器的工作原理、逻辑功能及特性方程。

3.3.4 实验原理

触发器具有两个稳定的状态，用于表示逻辑状态 1 和 0，在一定的触发信号作用下，可以从一个稳定状态翻转到另一个稳定状态，触发器是一个具有接收、保存和输出功能的二进制信息存储器件，是构成各种时序逻辑电路的基本逻辑单元。按照电路结构不同，可以分为基本触发器、同步触发器和边沿触发器。

（1）基本触发器：在这种电路中，输入信号直接加到输入端，它是触发器的基本电路结构形式，是构成其他类型触发器的基础。

（2）同步触发器：在这种电路中，输入信号经过控制门输入，而管理控制门的时钟脉冲的 CP 信号，只有在 CP 信号到来时，输入信号才能进入触发器，否则就会拒之门外，对电路不起作用。

（3）边沿触发器：在这种触发器中，只有在时钟脉冲的上升沿或下降沿时刻，输入信号才能被接收，虽然边沿触发器有好几种不同的电路结构形式，但边沿控制却是它们共同的特点。

按逻辑功能触发器还可以分为 RS 触发器、JK 触发器、D 触发器等。

（1）RS 触发器具有置 0、置 1 和保持功能，其特性方程为 $Q^{n+1}=S+\overline{R}Q^n$，约束条件为 RS＝0。

（2）D 触发器的输出状态在 CP 脉冲的边沿时刻更新，其特性方程为 $Q^{n+1}=D$。

（3）JK 触发器，具有置 0、置 1、保持和翻转的功能，其特性方程为 $Q^{n+1}=J\overline{Q^n}+\overline{K}Q^n$。

同一种电路结构可以构成不同逻辑功能的触发器，不同电路结构也可构成相同逻辑功能的触发器。

3.3.5 Multisim 仿真实验内容

在 Multisim 10 平台上构建 74LS175D 仿真分析电路，如图 3.10 所示。在 Multisim 10 中选中 74LS175D 并按 F1 键可查看其逻辑功能表。仿真观察并记录输入输出波形。

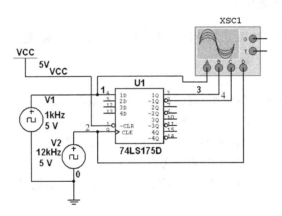

图 3.10　74LS175D 触发器仿真测试

3.3.6 实验内容与步骤

1. 基本 RS 触发器功能测试

由 74LS00 构成的基本 RS 触发器如图 3.11 所示。

（1）按表 3.10 的顺序在 $\overline{S}$、$\overline{R}$ 端加逻辑电平，Q、$\overline{Q}$ 端接实验箱 LED，观察并记录触发器的 Q、$\overline{Q}$ 端的状态，将结果填入表 3.10 中。

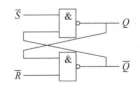

图 3.11　由 74LS00 构成的基本 RS 触发器电路

表 3.10 由 74LS00 构成的基本 RS 触发器逻辑功能测试结果

$\overline{S}$	$\overline{R}$	Q	$\overline{Q}$	逻辑功能
0	1			
1	1			
1	0			
1	1			

(2) $\overline{S}$ 端加低电平，$\overline{R}$ 端加脉冲，用示波器观察、比较并记录 $\overline{R}$ 与 Q 和 $\overline{Q}$ 端的波形。

(3) $\overline{S}$ 端加高电平，$\overline{R}$ 端加脉冲，用示波器观察、比较并记录 $\overline{R}$ 与 Q 和 $\overline{Q}$ 端的波形。

(4) $\overline{S}=\overline{R}$，$\overline{R}$ 端加脉冲，用示波器观察、比较并记录 $\overline{R}$ 与 Q 和 $\overline{Q}$ 端的波形。

观察并记录(2)、(3)、(4)三种情况下 Q、$\overline{Q}$ 端的状态，从中总结出基本 RS 触发器的 Q 或 $\overline{Q}$ 端的状态改变和输入端 $\overline{S}$、$\overline{R}$ 的关系。

(5) 当 $\overline{S}$、$\overline{R}$ 都加低电平时，观察 Q、$\overline{Q}$ 端的状态。当 $\overline{S}$、$\overline{R}$ 同时由低电平跳变为高电平时，注意观察 Q、$\overline{Q}$ 端的状态。重复 3～5 次观察 Q、$\overline{Q}$ 端的状态是否相同，从而正确理解"不定"状态的含义。

2. D 触发器的功能测试

D 触发器逻辑符号如图 3.12 所示，$\overline{S}$、$\overline{R}$ 端为异步置 1 端，置 0 端（或称异步置位端，复位端），CP 为时钟脉冲端。

按下面步骤做测试：

(1) 分别在 $\overline{S}$、$\overline{R}$ 端加低电平，观察并记录 Q、$\overline{Q}$ 端的状态。

(2) 在 $\overline{S}$、$\overline{R}$ 端加高电平，D 端分别接高、低电平，用点动脉冲作为 CP 脉冲，用示波器观察并记录当 CP 为低电平、上升沿、高电平、下降沿时，Q 端状态的变化。

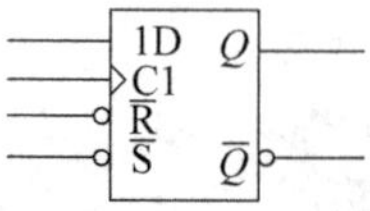

图 3.12 D 触发器逻辑符号

(3) 当 $\overline{S}$、$\overline{R}$ 加高电平、CP 高电平（或低电平），改变 D 端信号，观察 Q 端的状态是否变化。

整理上述实验数据，将结果填入表 3.11 中。

(4) 令 $\overline{S}$、$\overline{R}$ 加高电平，将 D 和 $\overline{Q}$ 端相连，CP 加连续脉冲，用双踪示波器观察并记录 Q 相与 CP 的波形关系。

表 3.11 上升沿 D 触发器的功能测试结果

$\overline{S}$	$\overline{R}$	CP	D	Q^n	Q^{n+1}
0	1	×	×	0	
				1	
1	0	×	×	0	
				1	

$\bar{S}$	$\bar{R}$	CP	D	Q^n	Q^{n+1}
1	1	↑	0	0	
				1	
1	1	↑	1	0	
				1	
1	1	0(1)	×	0	
				1	

注：↑表示上升沿，×表示任意电平。

3. JK 触发器的功能测试

（1）JK 触发器的逻辑符号如图 3.13 所示，按表 3.11 所示加逻辑电平和控制脉冲。

（2）将测试结果填入表 3.12 中。

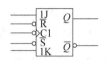

图 3.13　JK 触发器逻辑符号

（3）若 J、K 加高电平，CP 端加连续脉冲，用双踪示波器观察 Q 端与 CP 端波形，并记录。

表 3.12　下降沿 JK 触发器的功能测试结果

$\bar{R}$	$\bar{S}$	CP	J	K	Q^n	Q^{n+1}
0	1	×	×	×	×	
1	0	×	×	×	×	
1	1	↓	0	×	0	
1	1	↓	1	×	0	
1	1	↓	×	0	1	
1	1	↓	×	1	1	

注：↓表示下降沿，×表示任意电平。

3.3.7　实验报告

（1）整理实验数据并填表。

（2）画出实验内容中要求的电路、输入输出波形，并说明触发器的触发方式。

（3）总结各类触发器的特点。

3.3.8　思考题

（1）各种触发器的功能特点是什么？又有什么样的触发特点？

（2）各种触发器之间是否可以相互转化？是怎样实现的？

3.4 时序逻辑电路的分析

3.4.1 实验目的

（1）掌握一般同步时序逻辑电路的功能测试方法。

（2）了解时序逻辑电路的自启动功能。

3.4.2 实验设备及材料

（1）双踪示波器一台。

（2）数字电路实验箱一套。

（3）数字万用表一台。

（4）元器件：

- 74LS74 二 D 上升沿触发器二片；
- 74LS20 二 4 输入与非门一片。

3.4.3 实验准备

（1）阅读本实验的实验原理以及附录的相关内容。

（2）根据逻辑电路图写出相关的逻辑函数式，预先分析出逻辑电路图的功能。

（3）根据选用的逻辑器件，按照实验任务设计电路，写出有关的逻辑函数式，并画出逻辑电路图。

3.4.4 实验原理

分析一个时序逻辑电路的功能，也就是分析电路的状态转换和输出状态在输入变量和时钟信号作用下的变化规律。分析步骤如下。

1. 写方程

根据给定的逻辑图写出各触发器的时钟方程、驱动方程和电路的输出方程。

（1）时钟方程：各个触发器时钟信号 CP 的逻辑表达式。

（2）驱动方程：各个触发器同步输入信号的逻辑表达式。

（3）输出方程：时序逻辑电路各个输出信号的逻辑表达式。

2. 求各触发器的状态方程

因为任何时序电路的状态，都是由组成该时序电路的各个触发器来记忆和表示的。所以把各触发器的驱动方程带入相应触发器的特性方程，即得到时序逻辑电路的状态方程，也就是各个触发器次态输出的逻辑表达式。

3. 求状态转换表或状态转换图

（1）电路的现态就是组成该电路各个触发器的现态的组合。把电路的输入和现态的各种可能取值,代入状态方程和输出方程进行计算,求出相应的次态和输出。需要注意的是,状态方程有效的时钟条件,凡不具备时钟条件者,方程式无效,也就是说触发器将保持原来状态不变;不能漏掉任何可能出现的现态和输入的取值。

(2) 现态的起始值如果给定,则可以从给定值开始依次计算,倘若未给定,则可以自己设定起始值。

(3) 状态转换是由现态转换到次态。

4. 检验电路能否自启动

时序逻辑电路中,凡是被利用了的状态称为有效状态,由有效状态形成的循环,称为有效循环。凡是没有被利用了的状态,称为无效状态,由无效状态形成的循环,称为无效循环。在时序逻辑电路中,若存在无效状态,但没有形成无效循环,这样的时序逻辑电路称为能够自启动的时序逻辑电路。若既有无效状态存在,又形成了无效循环,这样的时序逻辑电路称为不能自启动的时序电路。在不能自启动的时序逻辑电路中,一旦因某种原因,例如,因干扰进入无效循环,就再也回不到有效状态,无法正常工作。因此对于不能自启动的时序逻辑电路,则应采取措施予以解决。例如,修改设计重新进行状态分配,或利用触发器的异步输入端强行预置到有效状态等。

5. 分析电路逻辑功能

实际应用中,各个输入、输出信号都有确定的物理含义,因此需要结合这些信号的物理含义,根据状态表或状态图来进一步说明电路的具体功能。

3.4.5 Multisim 仿真实验内容

在 Multisim 10 平台上构建具有自启动能力的时序逻辑电路,仿真电路如图 3.14 所示。分析电路的逻辑功能;仿真电路,观察并记录输出端的状态转换。

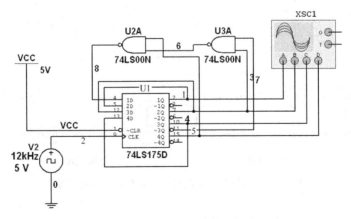

图 3.14 能自启动的扭环型计数器仿真电路图

3.4.6　实验内容与步骤

1. 同步时序逻辑电路分析

(1) 按图 3.15 接线。

(2) 由 CP 端输入单脉冲或连续脉冲,测试并记录 $Q_0 \sim Q_2$ 状态转换,输出 Y 的状态。

注意:*每个触发器的清零端和置数端均接高电平。*

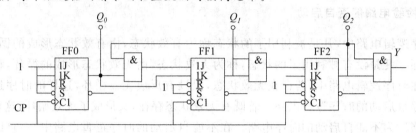

图 3.15　同步时序逻辑电路的分析

2. 不具有自启动能力的时序逻辑电路的分析

(1) 按图 3.16 接线。

(2) 由 CP 端输入单脉冲或连续脉冲,测试并记录 $Q_0 \sim Q_3$ 端状态转换。验证电路的状态转换图 3.17。

注意:*每个触发器的清零端和置数端均接高电平。*

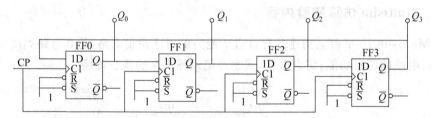

图 3.16　不能自启动的扭环型计数器电路图

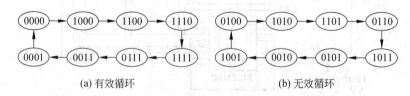

(a) 有效循环　　　　　　　　　(b) 无效循环

图 3.17　不能自启动的扭环型计数器的状态转换图

3. 具有自启动能力的时序逻辑电路的分析

(1) 按图 3.18 接线。

(2) 由 CP 端输入单脉冲或连续脉冲,测试并记录 $Q_0 \sim Q_3$ 端状态转换。验证电路的

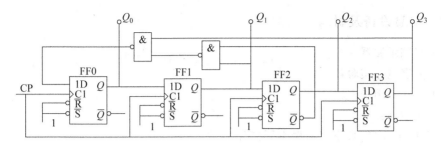

图 3.18 能自启动的扭环型计数器电路图

状态转换图 3.19。

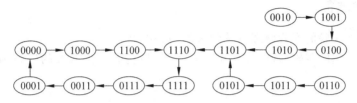

图 3.19 能自启动的扭环型计数器的状态转换图

注意：每个触发器的清零端和置数端均接高电平。

3.4.7 实验报告

（1）整理实验内容中各实验数据。

（2）画出图 3.15 的状态转换图。

（3）验证不能自启动的和能自启动的扭环型计数器的状态转换图。

3.4.8 思考题

（1）同步时序电路的特点是什么？若仅在电路的 CP 端加脉冲，电路的状态和输出都不变化，是否能确定此时该电路一定处在无效状态下？

（2）不具有自启动功能的时序逻辑电路，应采取什么措施改进成具有自启动功能的时序逻辑电路？

3.5 计 数 器

3.5.1 实验目的

（1）掌握触发器、集成计数器构成任意进制计数器的方法。

（2）熟悉中规模集成计数器的逻辑功能及使用方法。

（3）了解计数器的应用。

3.5.2 实验设备及材料

（1）双踪示波器一台。
（2）数字电路实验箱一套。
（3）数字万用表一台。
（4）元器件：
• 74LS112 二 JK 下降沿触发器二片；
• 74LS90（或 74LS290）二-五-十进制计数器二片；
• 74LS00 四 2 输入与非门一片。

3.5.3 实验准备

（1）阅读本实验的实验原理以及附录的相关内容。
（2）根据选用的逻辑器件，按照实验任务设计电路，写出有关的逻辑函数式，并画出逻辑电路图。

3.5.4 实验原理

计数器是一个用于实现计数功能的时序电路，它不仅可用来计脉冲个数，还常用作数字系统的定时、分频和执行数字运算以及其他特定的逻辑功能。计数器的种类很多。按构成计数器中的各触发器是否使用一个时钟脉冲源来分，有同步计数器和异步计数器。根据计数制的不同，分为二进制计数器、十进制计数器和任意进制计数器。根据计数的增减趋势，又分为加法、减法和可逆计数器。还有可预置数和可编程序功能计数器，等等。目前，无论是 TTL 还是 CMOS 集成电路，都有品种较齐全的中规模集成计数电路。使用者只要借助于器件手册提供的功能表和工作波形图以及引出端的排列，就能正确地运用这些器件。

1. 触发器构成加/减计数器

n 位二进制同步加法计数器级联规律为 $T_i = Q_{i-1}^n Q_{i-2}^n \cdots Q_1^n Q_0^n = \prod_{j=0}^{i-1} Q_j^n$，$n$ 位二进制同步减法计数器级联规律为 $T_i = \overline{Q_{i-1}^n} \, \overline{Q_{i-2}^n} \cdots \overline{Q_1^n} \, \overline{Q_0^n} = \prod_{j=0}^{i-1} \overline{Q_j^n}$。二进制异步加法计数器级间连接规律为 $\mathrm{CP}_i = Q_{i-1}$（T′触发器上升沿触发）。二进制异步减法计数器级间连接规律为 $\mathrm{CP}_i = Q_{i-1}$（T′触发器下降沿触发）。如图 3.20 中的加法计数器是用 4 个触发器构成的四位二进制异步加/减法计数器，它的连接特点是将最低位 JK 触发器 CP 端接 CP 脉

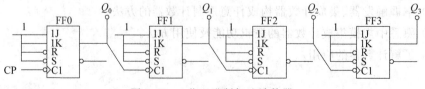

图 3.20　4 位二进制加法计数器

冲,再由低位触发器的 $Q/\overline{Q}$ 端和高一位的 CP 端连接。

2. 集成计数器

集成计数器有二进制计数器和十进制计数器,它们都具有清除、置数、计数等功能。集成计数器中的清零、置数控制有同步清零、同步置数(即清零、置数都需借助 CP 脉冲实现),也有异步清零、异步置数(即清零、置数不需要 CP 脉冲)。人们可以方便灵活地使用集成计数器的清零、置数功能实现任意进制计数器。图 3.22 所示为集成二-五-十进制计数器 74LS290。

3.5.5 Multisim 仿真实验内容

在 Multisim 10 平台上构建由 74LS160N 组成的计数器电路,如图 3.21 所示。分析开关 J1 的作用。通过仿真实验,观测 74LS160N 的逻辑功能,并使用 74LS160N 构成任意进制(计数≤10)计数器。

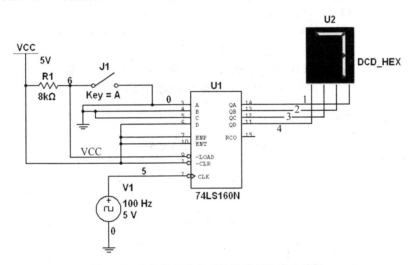

图 3.21 74LS160N 构成的计数器仿真电路图

3.5.6 实验内容与步骤

1. 用 74LS112 触发器构成 4 位二进制异步加法计数器

(1) 按图 3.20 连接,触发器的 J、K、置位端 S、清零端 R 接高电平(防止外界干扰),CP 端接单次脉冲。

(2) 逐个送入单次脉冲,观察并列表记录 $Q_0 \sim Q_3$ 的状态。

(3) 将单次脉冲改为 1Hz 的连续脉冲,观察并记录 $Q_0 \sim Q_3$ 的状态。

2. 用 74LS112 触发器构成 4 位二进制异步减法计数器

(1) 试画出逻辑电路图。

（2）逐个送入单次脉冲,观察并列表记录 $Q_0 \sim Q_3$ 的状态。

（3）将单次脉冲改为 1Hz 的连续脉冲,观察并记录 $Q_0 \sim Q_3$ 的状态。

3. 集成计数器 74LS290 功能测试

74LS290 是二–五–十进制异步计数器,具有下述功能。

（1）异步置 0($R_{0A} \cdot R_{0B}=1$)。

（2）异步置 9($S_{9A} \cdot S_{9B}=1$)。

（3）二进制计数(CP_0 输入,Q_0 输出)。

（4）五进制计数(CP_1 输入,$Q_3 Q_2 Q_1$ 输出)。

（5）十进制计数(两种接法如图 3.22 所示)。

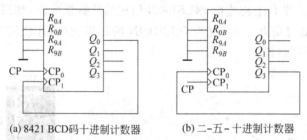

(a) 8421 BCD码十进制计数器　　　(b) 二–五–十进制计数器

图 3.22　74LS290 实现十进制计数器的接法

（6）测试 74LS290 的置 0、置 9 功能,填写表 3.13。

表 3.13　置 0、置 9 功能

R_{0A}	R_{0B}	S_{9A}	S_{9B}	CP_0	CP_1	输　　出			
						Q_3	Q_2	Q_1	Q_0
H	H	L	×	×	×				
H	H	×	L	×	×				
L	×	H	H	×	×				
×	L	H	H	×	×				

（7）测试 74LS290 的五进制计数功能,填写表 3.14。

表 3.14　五进制计数器

R_{0A}	R_{0B}	S_{9A}	S_{9B}	CP_1	输　　出		
					Q_2	Q_1	Q_0
L	L	L	L	↓			
L	L	L	L	↓			
L	L	L	L	↓			
L	L	L	L	↓			
L	L	L	L	↓			
L	L	L	L	↓			

(8) 测试 74LS290 的十进制计数功能,根据图 3.22(a)填写表 3.15,根据图 3.22(b)填写表 3.16。

表 3.15　十进制计数器(一)

计　　数	输　　出			
	Q_3	Q_2	Q_1	Q_0
1				
2				
3				
4				
5				
6				
7				
8				
9				
10				

表 3.16　十进制计数器(二)

计　　数	输　　出			
	Q_0	Q_3	Q_2	Q_1
1				
2				
3				
4				
5				
6				
7				
8				
9				
10				

4. 任意进制计数器

74LS290 按图 3.23 进行连接,实验记录其状态转换,分析其是多少进制计数器。

3.5.7 实验报告

（1）整理实验内容中各实验数据。

（2）画出 74LS112 触发器构成 4 位二进制异步减法计数器的逻辑电路图。

（3）总结计数器的使用特点。

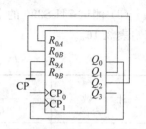

图 3.23 74LS290 组成任意进制计数器

3.5.8 思考题

（1）各种进制计数器线路图的连线规律。

（2）任意进制计数器的设计规律。

3.6 555 时基电路

3.6.1 实验目的

（1）熟悉 555 集成时基电路的电路结构及工作原理。

（2）了解集成脉冲产生与整形电路的工作原理及应用。

（3）了解由 555 集成时基电路组成的脉冲产生与整形电路的组成及工作原理。

3.6.2 实验仪器与材料

（1）双踪示波器一台。

（2）数字电路实验箱一套。

（3）数字万用表一台。

（4）元器件：

• NE556 集成时基电路一片；

• 电阻若干；

• 电容若干。

3.6.3 实验准备

（1）阅读本实验的实验原理以及附录的相关内容。

（2）复习 555 集成时基电路的工作原理。

（3）学习用 555 集成时基电路和外接电阻、电容分别构成单稳态触发器、多谐振荡器、施密特触发器等应用电路。

3.6.4 实验原理

集成时基电路又称为集成定时器或 555 时基电路，是一种数字、模拟混合型的中规模集成电路，应用十分广泛。外加电阻、电容等元件可以构成多谐振荡器、单稳电路、施密特触发器等。它是一种产生时间延迟和多种脉冲信号的电路，由于内部电压标准使用了 3

个 5kΩ 电阻,故取名 555 电路。其电路类型有双极型和 CMOS 型两大类,两者的结构与工作原理类似。一般双极型产品型号最后的三位数码都是 555 或 556,而 CMOS 产品型号最后四位数码都是 7555 或 7556,两者的逻辑功能和引脚排列完全相同,易于互换。555 和 7555 是单定时器,556 和 7556 是双定时器。双极型的电源电压 U_{DD} 的范围是 $+5V\sim+15V$,输出的最大电流可达 200mA,CMOS 型的电源电压为 $+3V\sim+18V$,能直接驱动小型电机、继电器和低阻抗扬声器。

1. 555 定时器

555 定时器的内部框图及引线排列如图 3.24 所示。其功能表如表 3.17 所示。定时器内部由电压比较器、分压电路、RS 触发器及放电三极管等组成。

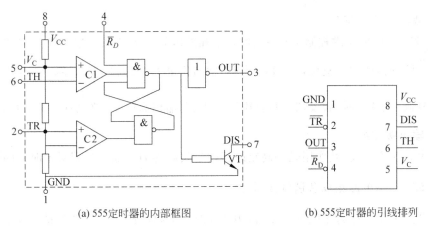

(a) 555定时器的内部框图   (b) 555定时器的引线排列

图 3.24　555 时基电路的内部框图及引脚排列图

表 3.17　555 时基电路的功能表

$\overline{TR}$	TH	$\overline{R}_D$	DIS	OUT
大于 $\frac{1}{3}V_{CC}$	大于 $\frac{2}{3}V_{CC}$	H	导通	L
大于 $\frac{1}{3}V_{CC}$	小于 $\frac{2}{3}V_{CC}$	H	保持原状态	
小于 $\frac{1}{3}V_{CC}$	小于 $\frac{2}{3}V_{CC}$	H	截止	H
$\times$	$\times$	L	导通	L

1）电压比较器

两个相同的电压比较器 C1 和 C2,其中 C1 的同相端接基准电压,反相端接外触发输入电压,称为高触发端 TH。电压比较器 C2 的反相端接基准电压,其同相端接外触发电压,称为低触发端 $\overline{TR}$。

2）分压电路

分压电路由 3 个 5kΩ 的电阻构成,分别给 C1 和 C2 提供参考电平 $\frac{2}{3}V_{CC}$ 和 $\frac{1}{3}V_{CC}$。

V_C(5 引脚)为控制端,没有外接输入电平时 $\frac{2}{3}V_{cc}$ 作为比较器 C1 和 C2 的参考电平。当 V_C(5 引脚)外接一个输入电平 U_C 时,则改变了比较器的参考电平,$\frac{1}{2}U_C$ 作为比较器 C1 和 C2 的参考电平,从而实现对输出的另一种控制。如果 V_C 无外接电平,通常接 $0.01\mu F$ 电容到地,起滤波作用,以消除外来的干扰,确保参考电平的稳定。

3）基本 RS 触发器

它由交叉耦合的两个与非门组成。比较器 C1 的输出作为基本 RS 触发器的复位输入,比较器 C2 的输出作为基本 RS 触发器的置位输入。$\overline{R}_D$(4 引脚)是直接复位控制端,当 $\overline{R}_D$(4 引脚)接入低电平时,输出 OUT(3 引脚)为低电平;正常工作时 $\overline{R}_D$(4 引脚)接高电平。

4）放电开关管 VT

C1 和 C2 的输出端控制 RS 触发器状态和放电管开关状态。当 TH(6 引脚)输入信号大于 $\frac{2}{3}V_{CC}$ 时,触发器复位,OUT(3 引脚)输出低电平,放电管 VT 导通;当 $\overline{TR}$(2 引脚)输入信号低于 $\frac{1}{3}V_{CC}$ 时,触发器置位,OUT(3 引脚)输出高电平,放电管 VT 截止。

5）输出缓冲级

它由反相器构成,其作用是提高定时器的带负载能力并隔离负载对定时器的影响。

2. 555 时基电路组成多谐振荡器

多谐振荡器又称为无稳态触发器,用 555 时基电路组成多谐振荡器的电路如图 3.25 所示,由 555 时基电路和外接元件 R_1、R_2、C 构成多谐振荡器,$\overline{TR}$ 和 TH 直接相连。电路无稳态,仅存在两个暂稳态,不需外加触发信号,即可产生振荡。电源接通后,V_{CC} 通过电阻 R_1、R_2 向电容 C 充电。当电容上电压 U_C 充电到 $\frac{2}{3}V_{CC}$ 时,输出低电平,同时放电管 VT 导通,电容 C 通过 R_2 放电;当电容上电压 U_C 放电到 $\frac{1}{3}V_{CC}$ 时,输出高电平,电容 C 放电终止,重新开始充电,周而复始,形成振荡。电容 C 在 $\frac{1}{3}V_{CC} \sim \frac{2}{3}V_{CC}$ 之间充电和放电。555 时

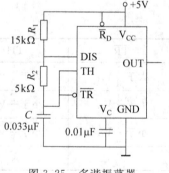

图 3.25 多谐振荡器

基电路要求 R_1、R_2 均应大于或等于 $1k\Omega$,而 $R_1 + R_2$ 应小于或等于 $3.3M\Omega$。

充电时间常数

$$T_{PH} \approx 0.7(R_1 + R_2)C \qquad\qquad (3\text{-}1)$$

放电时间常数

$$T_{PL} \approx 0.7R_2C \qquad\qquad (3\text{-}2)$$

振荡周期

$$T = T_{PH} + T_{PL} \approx 0.7(R_1 + 2R_2)C \tag{3-3}$$

振荡频率

$$f = \frac{1}{T} = \frac{1.44}{(R_1 + 2R_2)C} \tag{3-4}$$

输出方波占空比

$$D = \frac{T_{PH}}{T} = \frac{R_1 + R_2}{R_1 + 2R_2} \tag{3-5}$$

3. 555 时基电路组成单稳态触发器

用 555 时基电路组成单稳态触发器的电路如图 3.32 所示,由 555 时基电路和外接定时元件 R、C 构成单稳态触发器。稳态时 555 时基电路输入端处于高电平,放电管 VT 导通,OUT 输出为低电平。当 U_1 的负脉冲触发信号到来时,$\overline{TR}$ 的电位瞬时低于 $\frac{1}{3}V_{CC}$,电路进入暂态过程,电容 C 开始充电,当充电到 $\frac{2}{3}V_{CC}$ 时,OUT 输出从高电平返回到低电平,放电管 VT 重新导通,电容 C 经放电管 VT 放电,暂态结束,恢复稳态,为下一个触发脉冲的到来做好准备。

暂态的持续时间 t_w 取决于外接元件 R、C 值的大小

$$t_w = 1.1RC \tag{3-6}$$

通过改变 R、C 的大小,可使延时时间在几个微秒到几十分钟之间变化。当这种单稳态触发器作为计时器时,可直接驱动小型继电器,并可以使用复位端 $\overline{R_D}$ 接地的方法来中止暂态,重新计时。

3.6.5 Multisim 仿真实验内容

在 Multisim 10 中有专门针对 555 定时器设计的向导,通过向导可以很方便地构建555 定时器应用电路。单击 Tools 菜单下 Circuit Wizards 的 555 Timer Wizard 命令,即可启动定时器使用向导,如图 3.26 所示。Type 下拉列表框中可以设定 555 定时电路的

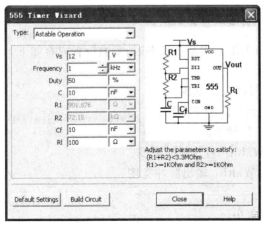

图 3.26   555 定时器的无稳态工作方式参数设置

工作方式：无稳态工作方式（Astable Operation）和单稳态工作方式（Monostable Operation）。

1. 555 定时器的无稳态工作方式的仿真

如图 3.26 所示，当工作方式是无稳态时，参数设置内容如下。

（1）V$_s$：工作电压。

（2）Frequency：工作频率。

（3）Duty：占空比。

（4）C：电容大小。

（5）Cf：反馈电容大小。

（6）R1、R2、RL：电阻值大小，其中，R1、R2 电阻值不可更改。

将 555 定时器的输出信号频率设为 1kHz，占空比为 50%，电压设为 12V。单击 Build Circuit 按钮，即可生成无稳态定时电路，如图 3.27 所示。加入示波器仿真，观察并记录输出信号波形。

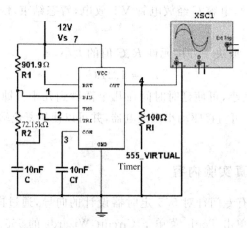

图 3.27　555 定时器的无稳态工作方式

2. 555 定时器的单稳态工作方式的仿真

如图 3.28 所示，当工作方式是单稳态时，参数设置内容如下。

（1）V$_s$：工作电压。

（2）Vini：输入信号高电平电压。

（3）Vpulse：输入信号低电平电压。

（4）Frequency：工作频率。

（5）Input Pulse Width：输入脉冲宽度。

（6）Output Pulse Width：输出脉冲宽度。

（7）C：电容大小。

（8）Cf：反馈电容大小。

（9）R1、R：电阻大小，其中，R 电阻值不可更改。

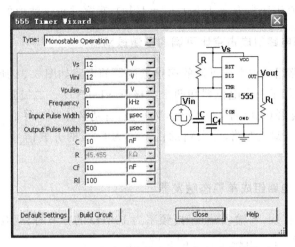

图 3.28　555 定时器的单稳态工作方式参数设置

　　将 555 定时器的输出信号频率设为 1kHz,电压设为 12V。单击 Build Circuit 按钮,即可生成无稳态定时电路,如图 3.29 所示。加入示波器仿真,观察并记录输出信号波形。

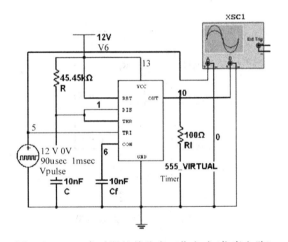

图 3.29　555 定时器的单稳态工作方式(仿真电路)

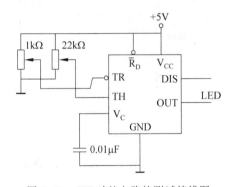

图 3.30　555 时基电路的测试接线图

3.6.6　实验内容与步骤

1. 验证 555 时基电路功能

(1) 按图 3.30 接线,可调电压取自电位器分压器。

(2) 按表 3.17 逐项测试其功能。

2. 用 555 时基电路组成多谐振荡器

(1) 按图 3.25 接线,用示波器观察并测量输出端波形的频率,按照公式计算出理论值,算出测量值与理论值的相对误差值。

（2）若将电阻值改变为 $R_1=15\text{k}\Omega$，$R_2=10\text{k}\Omega$，观察并记录波形的变化。

3. 用 555 时基电路组成占空比可调的多谐振荡器

用 555 时基电路组成占空比可调的多谐振荡器的电路如图 3.31 所示，与图 3.25 的电路相比较，该电路增加了一个电位器和两个二极管 VD_1、VD_2。二极管决定了电容充电、放电电流流经电阻的途径（充电时 VD_1 导通，VD_2 截止；充电时 VD_2 导通，VD_1 截止）。

按图 3.31 接线，调试电路，使电路的占空比为 50% 的方波信号，并记录此时的电阻 R_A 和 R_B 的数值。

4. 用 555 时基电路组成单稳态触发器

（1）按图 3.32 接线，当输入端 U_1 接频率为 10kHz 的方波时，用双踪示波器观察输出端波形、输入端波形，并测出输出脉冲的宽度 t_w。

（2）调整电路元器件参数，使 $t_w=10\mu\text{s}$，并记录此时 R、C 的数值。

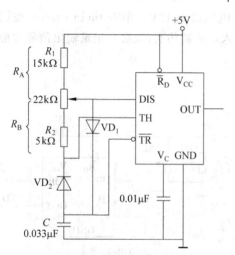

图 3.31　占空比可调的多谐振荡器

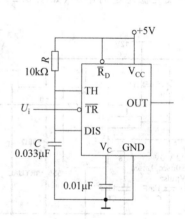

图 3.32　单稳态触发器

3.6.7　实验报告

（1）整理实验内容中各实验数据。

（2）画出实验内容 2、4 所要求观察记录的波形图。

（3）分析误差原因及参数对电路性能的影响。

3.6.8　思考题

（1）怎样检验 555 时基电路的正常工作状态？

（2）使用 555 时基电路时，$\overline{R}_D$（4 引脚）与 V_C（5 引脚）一般的处理方法是什么？

（3）用 555 时基电路组成的单稳态触发器输出波形的脉冲宽度与频率与哪些因素有关？

(4) 用 555 时基电路如何构成施密特触发器？

3.7 组合逻辑电路的设计

3.7.1 设计要求

(1) 掌握组合逻辑电路的设计方法和调试方法。

(2) 验证自己所设计的组合逻辑电路的逻辑功能是否满足设计要求。

3.7.2 设备与材料

(1) 数字电路实验箱一套。

(2) 元器件：

- 74LS86 四 2 输入异或门一片；
- 74LS00 四 2 输入与非门一片；
- 74LS10 三 3 输入与非门一片；
- 74LS54 四组输入与或非门一片；
- 74LS138 三位二进制译码器一片；
- 74LS153 二 4 选 1 数据选择器一片。

3.7.3 设计准备

(1) 熟悉组合逻辑电路的功能特点和电路结构特点。

(2) 熟悉 74LS10、74LS54、74LS138、74LS153 集成电路的引脚的排列位置及各引脚的用途。

(3) 预习组合逻辑电路的设计步骤。

3.7.4 设计原理

组合逻辑电路的设计是根据给定的逻辑问题，设计出能够实现该逻辑功能的逻辑电路。设计组合逻辑电路所遵循的原则首先是使用芯片的个数和种类尽可能少，其次是连线尽可能少。一般所遵循的设计步骤如下。

1. 分析逻辑问题，进行逻辑抽象

(1) 分析设计要求，确定输入、输出信号及它们的因果关系。

(2) 设定变量，即用英文字母表示有关输入、输出信号，表示输入信号者为输入变量，表示输出信号者为输出变量。

(3) 进行状态赋值，即用 0 和 1 表示信号的有关状态。

2. 列真值表

根据因果关系，将变量的各种取值和相应的函数值，以表格的形式一一列出，变量取值的顺序一般采用二进制数递增的顺序或循环码的顺序。

3. 进行化简和处理

将逻辑表达式用公式法或图形法化简为最简与或式,或转换为适合所提供门电路的逻辑形式。

4. 画出逻辑电路图

根据化简和处理的逻辑表达式,画出逻辑电路图。由于所使用的门电路或中规模集成电路的不同,所设计的电路形式也不同,出现了不同的方案电路。

设计举例:试自选实验所提供的芯片设计一个三人表决电路,要求输出信号的电平与三个输入信号中的多数一致。

[设计方案 1] 使用 74LS00 和 74LS10 实现电路。

(1)首先进行逻辑抽象,确定输入变量 A、B、C 和输出变量 Y,用 0 和 1 分别表示低电平和高电平,列出真值表(见表 3.18)。

表 3.18 真值表

A	B	C	Y
0	0	0	0
0	0	1	0
0	1	0	0
0	1	1	1
1	0	0	0
1	0	1	1
1	1	0	1
1	1	1	1

(2)由真值表写出逻辑表达式

$$Y - \overline{A}BC + A\overline{B}C + AB\overline{C} + ABC \tag{3-7}$$

(3)当采用芯片 74LS00 和 74LS10 时,将逻辑表达式用公式法或图形法化简为最简与或式,再改写为与非-与非式

$$Y = AB + AC + BC$$
$$= \overline{\overline{AB + AC + BC}}$$
$$= \overline{\overline{AB} \cdot \overline{AC} \cdot \overline{BC}} \tag{3-8}$$

(4)画出实验逻辑电路图,如图 3.33 所示。

[设计方案 2] 使用 74LS138 实现电路。

(1)同设计方案 1。

(2)同设计方案 1。

（3）当采用中规模集成电路 74LS138 时，将逻辑表达式写成最小项的与非-与非式

$$Y = \overline{A}BC + A\overline{B}C + AB\overline{C} + ABC$$

$$= \overline{\overline{\overline{A}BC} + \overline{A\overline{B}C} + \overline{AB\overline{C}} + \overline{ABC}}$$

$$= \overline{\overline{\overline{A}BC} \cdot \overline{A\overline{B}C} \cdot \overline{AB\overline{C}} \cdot \overline{ABC}}$$

(3-9)

（4）画出实验逻辑电路图，如图 3.34 所示。

[设计方案 3] 使用 74LS153 实现电路。

（1）同设计方案 1。

（2）同设计方案 1。

（3）当采用中规模集成电路 74LS153 时，将逻辑表达式变换成与数据选择器相对应的形式

$$Y = \overline{A_1}\,\overline{A_0}D_0 + \overline{A_1}A_0D_1 + A_1\,\overline{A_0}D_2 + A_1A_0D_3$$

(3-10)

所以有

$$Y = \overline{A}BC + A\overline{B}C + AB\overline{C} + ABC$$

$$= \overline{A}\,\overline{B} \cdot 0 + \overline{A}BC + A\overline{B}C + AB(\overline{C}+C)$$

$$= \overline{A}\,\overline{B} \cdot 0 + \overline{A}BC + A\overline{B}C + AB \cdot 1$$

(3-11)

将式(3-10)和式(3-11)进行对比，显然有

$$A_1 = A \quad A_0 = B \quad D_0 = 0 \quad D_1 = D_2 = C \quad D_3 = 1$$

（4）画出实验逻辑电路图，如图 3.35 所示。

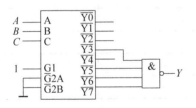

图 3.34　逻辑电路图

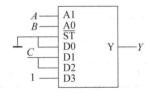

图 3.35　逻辑电路图

3.7.5　Multisim 仿真实验内容

在 Multisim 10 平台上构建由 74LS153 构成的三人表决电路（设计方案 3），如图 3.36 所示，使用 Multisim 10 对电路进行仿真，并将仿真结果与设计要求相比较。

3.7.6　设计实验内容

（1）试用最少的 74LS86 设计一个三位数码奇偶校验器，如果三位数中有奇数个 1，则输出时为 1，否则为 0。要求：

① 画出逻辑电路图，并将测试结果填入表 3.19 中。

② 若采用中规模集成电路 74LS153，电路形式又为怎样？试画出逻辑电路图，测试并将结果与①进行比较。

③ 若采用中规模集成电路 74LS138，电路形式又为怎样？试画出逻辑电路图，试测

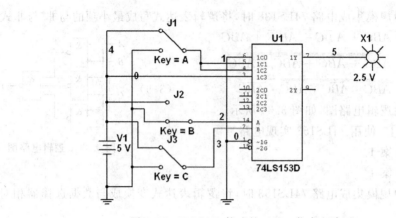

图 3.36 74LS153 构成的三选一仿真电路图

试将结果与①进行比较。

表 3.19 真值表

A	B	C	Y
0	0	0	
0	0	1	
0	1	0	
0	1	1	
1	0	0	
1	0	1	
1	1	0	
1	1	1	

（2）试用 74LS86 和 74LS00 各一片设计一个路灯控制电路,要求实现的功能是:当总电源开关闭合时,安装在 3 个不同地方的 3 个开关都能独立地将开关打开或熄灭;当总电源开关断开时,路灯不亮。要求:

① 画出逻辑电路图,并将测试结果填入表 3.20 中。

② 若采用中规模集成电路 74LS153,电路形式又为怎样？试画出逻辑电路图,测试并将结果与①进行比较。

③ 若采用中规模集成电路 74LS138,电路形式又为怎样？试画出逻辑电路图,测试并将结果与①进行比较。

表 3.20 真值表

A	B	C	Y
0	0	0	
0	0	1	

A	B	C	Y
0	1	0	
0	1	1	
1	0	0	
1	0	1	
1	1	0	
1	1	1	

3.7.7 设计实验报告

(1) 写出实验任务的设计过程,列真值表并写出逻辑函数,画出设计的逻辑电路图。

(2) 对所设计的电路进行实验测试,记录测试结果。

(3) 记录实验中出现的问题并进行分析。

(4) 试写出组合逻辑电路的设计体会。

3.7.8 思考题

(1) 同一设计任务采用不同逻辑器件设计时,电路复杂度是否相同?

(2) 设计组合逻辑电路所遵循的原则是什么?

3.8 时序逻辑电路设计

3.8.1 设计要求

(1) 掌握一般同步时序电路的功能测试方法。

(2) 学会自行设计同步时序电路。

3.8.2 设备与材料

(1) 数字电路实验箱一套。

(2) 元器件:

• 74LS112 二下降沿 JK 触发器二片;

• 74LS174 六上升沿 D 触发器二片;

• 74LS00 四 2 输入与非门一片;

• 74LS290 二-五-十进制异步计数器一片;

• 74LS193 集成 4 位二进制同步加/减计数器一片。

3.8.3 设计准备

(1) 熟悉时序逻辑电路的功能特点和电路结构特点。

（2）熟悉 74LS174、74LS290、74LS193 集成电路的引脚排列位置及各引脚的用途。

（3）预习时序逻辑电路的设计步骤。

3.8.4 设计原理

时序逻辑电路的设计任务是根据给定的逻辑问题，设计出能够实现该逻辑功能的逻辑电路。一般所遵循的设计步骤如下。

（1）逻辑抽象，得出原始状态转换图。

① 分析因果关系，确定输入变量和输出变量。

② 确定电路的状态数。

③ 定义逻辑状态含义，并对变量进行赋值，建立原始状态图。

（2）状态化简：在状态转换图中有两个以上状态，它们输入相同，输出相同。转换到的次态也相同，则可称它们为等价状态。多个等价状态可合并为一个状态。状态化简的目标是建立最小的状态转换图。

（3）状态分配：确定触发器的数目 n，取 $2^{n-1} \leqslant N \leqslant 2^n$，$N$ 为状态转换图中的有效状态，给电路的每个状态分配一个二进制代码，又称为状态编码，编码方案以组合电路是否最简为标准。

（4）选定触发器的类型，求出输出方程、状态方程和驱动方程。

（5）根据求出的输出方程和驱动方程画出逻辑电路图。

（6）检查设计的电路能否自启动。若不能自启动，则需修改设计重新进行状态分配或利用触发器的异步输入端强行预制到有效状态。

设计举例：试用下降沿触发的 JK 触发器和与门设计一个按自然态序进行计数的六进制同步加法计数器。

［设计方案 1］

（1）分析给定的设计要求，无输入变量，有输出变量设为 Y，电路的状态数为 6，电路内部不存在等价状态，可以画出用二进制数进行编码后的状态图，如图 3.37 所示。

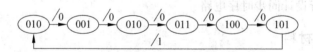

图 3.37 按自然态序计数的六进制同步加法计数器状态图

（2）选用下降沿 JK 触发器，确定时钟方程

$$CP_0 = CP_1 = CP_2 = CP \tag{3-12}$$

求输出方程并进行化简

$$Y = Q_2^n Q_0^n \tag{3-13}$$

求状态方程并进行化简

$$Q_0^{n+1} = \overline{Q_0^n} \tag{3-14}$$

$$Q_1^{n+1} = \overline{Q_2^n}\ \overline{Q_1^n}Q_0^n + Q_1^n \overline{Q_0^n} \tag{3-15}$$

$$Q_2^{n+1} = Q_1^n Q_0^n + Q_2^n \overline{\overline{Q_0^n}} \tag{3-16}$$

将状态方程与 JK 触发器的特性方程做比较可得驱动方程

$$J_0 = K_0 = 1 \tag{3-17}$$

$$J_1 = \overline{Q_2^n} Q_0^n \quad K_1 = Q_0^n \tag{3-18}$$

$$J_2 = Q_1^n Q_0^n \quad K_2 = Q_0^n \tag{3-19}$$

(3) 画出实验逻辑电路图,如图 3.38 所示。

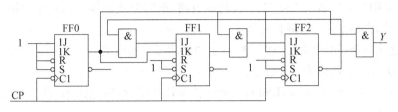

图 3.38　设计方案 1 的逻辑电路图

(4) 检查电路能否自启动,将无效状态 110、111 代入状态方程和输出方程,可得结果进入有效状态,所以设计的时序电路能够自启动。

[设计方案 2]

采用二-五-十进制异步计数器 74LS290,74LS290 的状态表见附录 D。

(1) 将 74LS290 连接成十进制计数器,在此基础上将状态 S_6 反馈到异步清零端(设计 N 进制计数器,若用同步清零端或置数端反馈 S_{N-1},若运用异步清零端或置数端反馈 S_N)。

(2) 画出实验逻辑电路图,如图 3.39 所示。

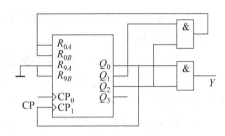

图 3.39　逻辑电路图

3.8.5　Multisim 10 仿真实验内容

在 Multisim 10 平台上构建由 74LS290 构成的六进制加法电路(设计举例方案 2),如图 3.40 所示,试使用 Multisim 10 对电路进行仿真,并将仿真结果与设计要求相比较。

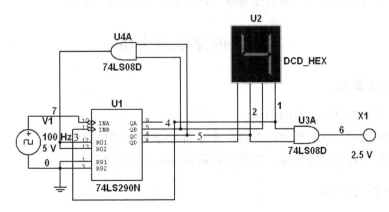

图 3.40　由 74LS290 构成的六进制加法仿真电路图

3.8.6 设计实验内容

(1) 设计一个按自然态序进行计数的七进制同步减法计数器。要求：

① 采用 74LS112 和 74LS00,试画出状态转换图、逻辑电路图,并测试逻辑功能,画出状态转换表。

② 若采用集成计数器 74LS193 实现该电路,电路形式怎样? 试画出逻辑电路图和状态转换表,将测试结果与①进行比较。

(2) 设计一个串行数据检测电路,对它的要求是：连续输入 3 个或者 3 个以上 1 时输出为 1,其他情况下输出为 0。要求：

① 试采用 74LS112 和 74LS00,试画出状态转换图、逻辑电路图,并测试逻辑功能,画出状态转换表。

② 若 D 上升沿触发器实现该电路,电路形式怎样? 试画出逻辑电路图和状态转换表,将测试结果与①进行比较。

3.8.7 实验报告

(1) 写出实验任务的设计过程,写出时钟方程、输出方程、状态方程和驱动方程,画出设计的逻辑电路图。

(2) 对所设计的电路进行实验测试,记录测试结果。

(3) 同步时序电路在设计时,怎样确定电路的状态编码? 若改变设计中的状态编码,电路又会怎样?

(4) 试写出时序逻辑电路的设计体会。

3.8.8 思考题

(1) 同一设计任务采用不同逻辑器件设计时,电路复杂度是否相同?

(2) 设计组合逻辑电路所遵循的原则是什么?

(3) 若将设计的加法计数器改为减法计数器,电路应如何改动?

3.9 时基电路应用

3.9.1 设计要求

(1) 掌握 555 时基电路的功能。

(2) 掌握用时基电路构成的多谐振荡器、单稳态触发器的典型电路。

(3) 掌握用时基电路构成低频对高频调制的救护车警铃电路。

3.9.2 设备与材料

(1) 数字电路实验箱一套。

(2) 双踪示波器一台。

（3）元器件：

- NE556（或 LM556、5G556 等）双时基电路一片；
- 二极管 1N4148 二个；
- 发光二极管一个；
- 电位器 22kΩ、1kΩ、1MΩ 三个；
- 电阻、电容若干；
- 扬声器一个；
- 74LS290 二-五-十进制异步计数器二片。

3.9.3　设计准备

（1）熟悉 555 时基电路的电路结构和功能。

（2）熟悉 NE556（或 LM556、5G556 等）双时基电路的引脚排列位置及各引脚的用途。

3.9.4　设计原理

555 时基电路是一种常用的数字-模拟混合集成电路，利用它可以很方便地构成施密特触发器、单稳态触发器和多谐振荡器。555 定时器的应用设计所遵循的步骤如下。

（1）先外接部分电阻、电容构成基本的应用电路，如施密特触发器、单稳态触发器和多谐振荡器。

（2）在（1）电路基础上外接其他电子元件构成设计电路。

（3）反复调试直至符合电路的设计要求。

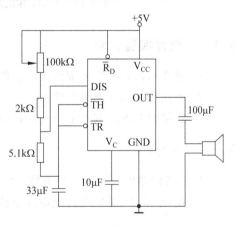

图 3.41　简易催眠器电路图

设计举例：用 555 时基电路设计一简易催眠器。555 时基电路构成一个低频振荡器，输出一个周期约为 1s 的脉冲，使扬声器发出类似雨滴的声音。雨滴声的速度可以改变 100kΩ 的可调电阻来调整。设计电路如图 3.41 所示。

3.9.5　Multisim 10 仿真实验内容

在 Multisim 10 平台上构建由 555 时基电路构成的简易催眠器电路（设计举例），如图 3.42 所示，试使用 Multisim 10 对电路进行仿真，并将仿真结果与设计要求相比较。

3.9.6　设计实验内容

（1）用 555 时基电路和二-五-十进制异步计数器 74LS290 和部分电阻电容设计一秒信号发生器，用示波器观察和记录输出波形和周期。

（2）用 555 时基电路和部分电阻、电容、二极管、扬声器构成一低频对高频调制的救护车警铃电路,并使用双踪示波器观察和记录输出的波形;改变外接电阻电容值时,试听音响效果。

（3）用555时基电路和部分电阻、发光二极管构成一单稳态触发器的延时发光电路,并使用双踪示波器观察和记录输出的波形。

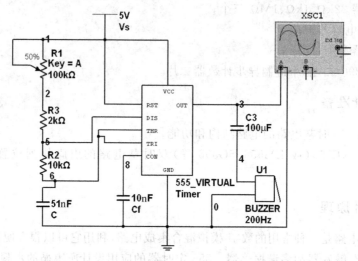

图 3.42　由 555 定时器构成的简易催眠仿真电路图

3.9.7　设计实验报告

（1）按实验内容各步要求画出电路图并整理实验数据进行分析。
（2）画出实验内容要求的波形。
（3）总结时基电路基本电路及使用方法。

3.9.8　思考题

（1）555 时基电路有什么功能特点？
（2）使用 555 时基电路构成设计电路的方法是怎样的？

第4章 综合设计实验

电子技术是一门实践性很强的课程。进行电子线路的综合设计型实验,可以培养学生对所学电子技术知识综合应用的能力,对培养学生的创新思维具有十分重要的意义。通过电子线路综合设计性实验可以锻炼学生理论联系实际的能力,培养严谨的科学作风,为以后的学习与工程实践打下良好的基础。

4.1 电子线路设计的基本原则、步骤与方法

虽然电子线路功能各不相同,结构也千差万别。但电子线路又具有共同的特征,设计的过程中,也应该有一些通用的步骤与应该遵循的基本原则。

4.1.1 电子线路设计的基本原则

1. 整体性原则

在设计电子线路时,应当根据电子线路所要完成的功能,从电子线路整体出发,从分析电子线路内部各组成元件的关系以及电子电路整体与外部环境之间的关系入手,去揭示和掌握电子线路的整体性质,判断电子线路的类型,明确所要设计的电子线路应具备哪些功能、参数指标在哪个功能模块实现、信号与控制的关系如何等,从而确定总体设计方案,选择元器件。整体原则强调以综合为基础,在综合的控制与指导下,进行分析,并且对分析的结果进行综合。综合必须以分析为基础。

2. 功能性原则

任何一个复杂的电子系统都可以逐步划分成不同层次的较小的电子子系统。电子线路设计一般先将大的电子线路系统划分为若干个具有相对独立的能够完成特定功能的子系统,并将其作为独立电子电路功能模块。再分别分析各模块的功能类型及功能要求,考虑如何实现这些功能,即采用哪些电路来完成它。根据功能选用具体的实际电路,选择出合适的元器件,计算元器件参数并设计各单元电路。总之,电子线路系统的设计就是由功能引领设计,设计为功能服务。

3. 可靠性原则

电子线路是各种电器设备的基本组成部分,它决定着电器设备的功能和用途,尤其是电器设备性能的可靠性更是由其电子线路的可靠性来决定。各电子线路的设计方案、电路的形式及元器件的选型等在很大程度上也就决定了可靠性。采用抗干扰技术和容错设计是变被动为主动的两个重要手段。为了保证电气设备工作的可靠性,在电子线路设计

时应遵循如下原则。

（1）在满足系统的性能和功能指标前提下，尽可能地简化电子电路结构。

（2）避免片面追求高性能指标和过多的功能。

（3）合理划分软硬件功能，贯彻以软代硬的原则，使软件和硬件相辅相成。

（4）尽可能用数字电路代替模拟电路，以提高精度及抗干扰能力。

影响电子线路可靠性的因素很多，在发生的时间和程度上的随机性也很大，在设计时，对易遭受不可靠因素干扰的薄弱环节应主动采取可靠性保障措施，使电子电路遭受不可靠因素干扰时能保持稳定。

4. 最优化原则

任何一种电子线路都有自己的优缺点，组成电子线路的元器件的性能参数与教材中学到性能参数相比也会有一定的误差。在设计电路时，需要从元器件参数入手，计算每个模块的性能指标，根据性能指标要求，调整元器件参数或功能模块的参数，以达到电路整体的最优化设计。

5. 性价比原则

电子电路设计在电子工程应用领域里占有很重要的地位。其设计质量的高低不但直接影响产品或电路性能的优劣，还对研制成果的经济效益起着举足轻重的作用。为了提高市场竞争力，在设计实际电路时，应该在保证电路性能与可靠性的前提下，尽可能地降低电路成本，提高产品的性能价格比。

4.1.2 电子线路设计的基本步骤

在实际工作中，首先要根据设计任务的要求，进行总体方案选择。然后对组成系统的单元电路进行设计、参数计算、元器件的确定和实验调试。最后绘出用于指导工程的电路图。下面介绍基本设计步骤。

1. 分析设计课题，明确功能要求

应对设计任务进行认真的阅读、理解，判断电路的类型，明确所要设计的电路应具备哪些功能、相互信号与控制关系如何、参数指标在哪个功能模块实现等，对于大型电路要画出功能框图。根据设计任务提出设计要求，包括各模块的功能、技术参数等，使设计任务具体化。

2. 确定核心功能器件及总体设计方案

各模块的功能、技术参数要求明确后，应对比多种方法与思路，多设计几个方案，综合考虑成本、难度、器件的易采购性、方便合理性等因素，从众多方案中优选出最佳实施方案。根据最佳方案的系统功能画出系统的原理框图，将系统分解为小的单元电路。确定贯穿不同方框间各种信号的关系。方框图应能简洁、清晰地表示设计方案的原理。

3. 设计单元电路

在进行单元电路设计时,必须明确对各单元电路功能的具体要求,详细拟订出单元电路的性能指标,认真考虑各单元之间的相互联系,注意前后级单元之间信号的传递方式和匹配,尽量少用或不用电平转换之类的接口电路,并应使各单元电路的供电电源尽可能地统一,以便使整个电子系统简单、可靠。另外,应尽量选择现有的、成熟的电路来实现单元电路的功能。如果找不到完全满足要求的现成电路,则在与设计要求比较接近的电路基础上适当改进,或自己进行创造性设计。为使电子系统的体积小、可靠性高、成本低,单元电路尽可能使用集成电路组成。

4. 整体设计

在完成单元电路设计的基础上,将各单元电路连接起来,画出所设计的整机电路图。利用虚拟仿真软件对电路图进行仿真,测试整个电路的性能,并与设计任务的要求相比较,如果出现错误或电路性能达不到要求,应该重新审查、设计电路,直至性能指标达到设计任务要求,以保证电路设计的正确性。

5. 样品制作

在完成整机电路图的初步设计后,学生应向实验指导老师提交初步的设计报告,老师审阅合格后发放实验所需的元器件。学生在整机电路图完成的基础上,制作出印刷电路板,在将元器件安装到印刷电路板上之前,应对所选用的元器件进行测试,以保证元器件的质量。将各种器件安装到印刷电路板上,完成样品制作。需要注意的是,在使用集成电路时,应使用插座,以便损坏后更换。

6. 整机电路调试及定型

在制作出样品后,应整机或与控制机构连接进行全系统的测试、联调,及时发现问题并解决。测试主要包含三部分的工作:系统故障诊断与排除、系统功能测试、系统性能指标测试。若这三部分的测试有一项不符合要求,则必须修改电路设计。最终使样机达到设计要求。

7. 撰写设计报告

通过写设计报告,不仅可将设计、安装、调试及所得技术数据、波形图等内容进行较全面的书面总结,而且可把实际动手内容提升到理论高度。设计报告是学生对实验设计全过程的系统总结。

设计报告的格式如下。

(1) 设计题目名称。

(2) 设计任务、技术指标和要求。

(3) 设计方案选择与论证。

(4) 总体电路的原理和功能框图(方案比较和说明)。

（5）功能块及单元电路的设计与主要参数计算，元器件选择和电路参数计算的说明等。

（6）元器件清单（写明型号）。

（7）仿真过程波形和结果。

（8）PCB 底板布线图及说明。

（9）设计体会和收获。

4.1.3 电子线路设计的基本方法

电子线路的设计通常采用"自顶而下"（层次化）的设计方法，即将电子线路设计分为系统级、电路级以及物理实现级 3 个层次。系统总体功能的设计为顶层设计，电路级的设计为中层设计，而物理实现级中较小单元的设计为底层设计。

"自顶而下"的设计方法就是从设计的总体要求入手，自上而下地将总体要求划分为不同的功能子系统，每个子系统完成特定的功能。这种设计方法要求设计人员首先根据对设计任务的理解以及系统可能的工作方式，构建系统的总体框图，确定顶层系统的设计。总体框图由若干个功能相对单一、性能指标明确的子系统组成。然后设计者就各个子系统的结构进行分析和设计，规定一些关键期间的技术指标，以保证子系统的性能指标的实现，完成"电路级"层次的设计。最后，根据性能、价格与时间等的要求，选择成熟的、已有的一些单元电路来实现各个子系统的功能，以完成"物理实现级"的设计。需要说明的是，"自顶而下"的设计方法是一个不断求精、逐步细化、依次分解的过程，但不是完全单方向进行的。在下一层的设计中，有可能会发现上一层的问题或不足，从而反过来对上一层的设计加以修正。

这种"自顶而下"的设计方法是最经常使用的一种设计方法，4.1.2 节中所介绍的电子线路设计的基本步骤就是按照这种设计方法进行的。除此以外常用的设计方法还有渐进式的组合设计方法，这种方法适用于设计新的电子线路，是一种边设计边完善的设计方式。

随着计算机技术的发展，现代的电子设计更多地依赖于计算机进行自动设计，以解决由于集成电路和电子系统复杂程度增加（大概每 6 年提高 10 倍）带来的难题。电子设计自动化的广泛使用，使得设计者可以集中精力于系统的顶层设计，诸如算法、功能等概念设计方面，而将大量具体的设计过程由计算机通过 EDA 软件实现。在 EDA 软件中集成了大量的成熟的经验算法及工具，保证了设计的可靠性，提高了设计速度，降低了设计者的劳动强度。本书附录 A 简单介绍了常用的仿真和分析软件 Multisim 10，请读者在实验时参考。更多的专业 EDA 软件的使用方法，请参阅相关资料。

4.2 音频功率放大器

4.2.1 实验目的

（1）掌握音频功率放大器的工作原理和电路组成，加深对电路功能的理解和运用。

（2）熟悉电路元器件参数的选择、连接和调试方法。

（3）进一步强化电路测试技能，提高基础知识和基本技能的综合运用能力。

4.2.2　实验设备与材料

（1）函数信号发生器一台。

（2）模拟电子实验箱一套。

（3）双踪示波器一台。

（4）交流毫伏表一台。

（5）数字万用表一台。

（6）Multisim 虚拟实验平台一套。

4.2.3　实验准备

（1）复习分立元件放大电路的结构和功能、集成运放结构和应用、滤波器功能和结构、功率放大电路。

（2）复习元器件测试相关知识和技能以及电路参数与测试方法；阅读教材并根据电路参数要求进行相关理论计算和选择合适实验元件及测量仪表的内容。

（3）完成设计方案准备和基本电路的设计。

4.2.4　实验原理

1. 音频放大器简介

音频放大器是能有效识别不同频率范围的声音信号放大系统，主要包括前置放大级、信号处理、功率放大级和扬声器等几个部分。实际设计、组装、调试和运行中，应根据系统要求和条件确定前置放大电路、信号处理电路、功率放大电路的方案、计算和元件参数。基于信号检测中的特点，前置放大电路应具备高输入阻抗、高共模抑制比及低漂移的信号传输特点，重点关注电路的差动电压增益、共模电压增益、共模抑制比、带宽、输入电阻等电路性能指标的设计与实现。信号处理电路通常包括信号滤波、信号线性变化与比较等。通常通过有源器件与 RC 组成的网络实现，重点关注信号的带宽及电压增益等性能指标。功率放大电路主要向扬声器等电路负载提供尽可能大的输出功率、尽可能高转换效率和较小的非线性失真。本节重点关注音频放大电路功率放大电路的相关调试。

依据放大器中放大管工作方式的不同，音频功率放大器可分为甲类功放（即 A 类）、乙类功放（即 B 类）、甲乙类功放（即 AB 类）等。甲类功放是功率输出元件在信号整个周期内都不出现电流截止的放大器。甲类放大器工作时会产生高热，效率很低，但优点是不存在交越失真。乙类功放是正弦信号的正负半周分别由推挽输出级轮流放大输出的一类放大器，优点是效率高，缺点是会产生交越失真。甲乙类功放界于甲类功放和乙类功放之间，每个工作的放大管导通时间大于信号的半个周期而小于一个周期，可有效解决乙类放大器的交越失真问题，效率比甲类放大器高，获得了极为广泛的应用。

音频功率放大器在输出功率、频率响应、失真度、信噪比、输出阻抗和阻尼系数等方面都有明确性能指标要求。输出功率通常包括：额定功率（RMS），即在一定频率范围内，规定失真度前提下,功率放大器长期工作所能输出的最大功率;最大输出功率是当不考虑失真时,功率放大器的输出功率;音乐输出功率(Music Power Output,MPO)是功率放大器工作于音乐信号时,输出失真度不超过规定值的条件下对音乐信号的瞬间最大输出功率;峰值音乐输出功率(PMPO)是不考虑失真度时功率放大器可输出的最大音乐功率。频率响应反映在理想情况下功率放大器对音频信号各频率分量的放大能力。失真度是重放音频信号的波形发生变化的现象,数值越小质量越好。动态范围是放大器不失真的放大最小信号与最大信号电平的比值。信噪比是指声音信号大小与噪声信号大小的比例关系,通常用电路输出声音信号电平与输出的噪声电平之比的分贝数表示信噪比,数值越大代表声音越干净。输出阻抗是指功放输出端与负载(扬声器)所表现出的等效内阻抗,通常表示功率放大器的抗干扰能力的大小,数值越大表示抗干扰能力越强。阻尼系数是指功放电路给负载进行电阻尼的能力。功率放大电路的结构形式多样,有双电源供电的 OCL 互补对称结构,单电源供电的 OTL 结构等,可根据实验条件综合考虑做出合理选择。

2. 集成音频功率放大电路

集成功率放大器性能优良,功能齐全,并附有过载保护、噪声处理等各种功能电路,需要外接元器件很少,易于安装。常见功率放大器有 TDA200X 系列、LM386 系列等,主要应用于低电压消费类产品。图 4.1 集成音频功率放大电路以 LM386 芯片为核心设计了增益为 20 倍和 200 倍的典型结构。相关参数可参考功率放大电路分析确定,此处不再重复。

3. 分立元件音频功率放大电路

甲乙类互补对称功率放大电路典型单电源供电实验电路如图 4.2 所示。图示电路的分析与参数可参照功率放大电路实验原理确定。

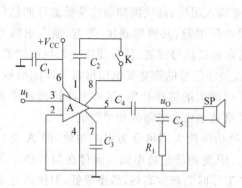
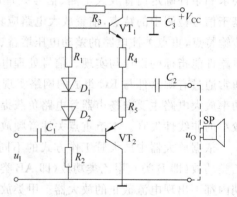

图 4.1 集成音频功率放大电路原理图   图 4.2 分立元件音频功率放大电路原理图

4.2.5 Multisim 仿真实验内容

1. 集成音频功率放大电路仿真

(1) 在 Multisim 10 软件平台上构建电路由集成运放 TDA2030 组成的功率放大如

图 4.3 所示。

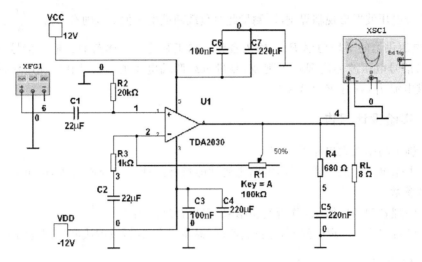

图 4.3 TDA2030 组成的功率放大电路仿真电路图

（2）已知放大电路负载扬声器电阻为 $R_L = 8\Omega, U_S = 100\text{mV}$，运行电路，利用虚拟示波器观察电路输出电压波形，利用虚拟电压表测试输出电压并记录。

2. 练习

结合实验学时及教学安排，将差动放大电路、滤波电路、功率放大电路组合进行仿真。

4.2.6 实验内容与步骤

1. 集成音频功率放大电路调试

（1）静态调试。根据电路要求和理论分析确定电路结构和元件参数后，按图 4.1 连接电路并检查。将电路输入端对地短路，通电调节电路无输出信号。

（2）动态调试。将输入信号接入电路，用示波器观察电路输出信号正常。

① 电路最大输出功率 P_{omax}。输入音频范围正弦信号并逐渐加大输入信号电压幅度直至输出信号电压波形出现临界削波，测量此时负载两端电压值 U_o，则有 $P_{\text{omax}} = \dfrac{U_o^2}{R_L}$。

② 电源供给的平均功率 P_V。输入音频范围正弦信号并逐渐加大输入信号电压幅度直至输出信号电压波形出现临界削波，测量此时负载两端电压值 U_o。同时，在电源回路测量电源提供电流 I_L，则有 $P_V = V_{\text{CC}} I_C$。

2. 分立元件音频功率放大电路调试

（1）静态调试。根据电路要求和理论分析确定电路结构和元件参数后，按图 4.2 连接电路并检查。将电路输入端对低短路，通电调节电路参数使 $I_{C2} = I_{C3}$，此时应有 $U_o = 0\text{V}$。

（2）动态调试。将输入信号接入电路，用示波器观察电路输出信号正常。

① 电路最大输出功率 P_{omax}。输入音频范围正弦信号并逐渐加大输入信号电压幅度直至输出信号电压波形出现临界削波,测量此时负载两端电压值 $U_\circ$,则有 $P_{\text{omax}} = \dfrac{U_\circ^2}{R_{\text{L}}}$。

② 电源供给的平均功率 P_{V}。输入音频范围正弦信号并逐渐加大输入信号电压幅度直至输出信号电压波形出现临界削波,测量负载两端电压值 $U_\circ$。同时,在电源回路测量电源提供电流 I_{L},则有 $P_{\text{V}} = V_{\text{CC}} I_{\text{C}}$。

4.2.7　实验设计报告

(1) 确定功率放大电路的方案。

(2) 根据电路性能要求,列出电路主要性能指标的计算与分析过程,确定电路相关元件选择及参数。

(3) 整理各项实验数据,分析实验结果,得出合理的结论。

(4) 针对实验中出现的问题,分析其原因,提高测量、分析及解决实际问题的综合能力。

4.2.8　思考题

(1) 观测各点的波形及测量各点的电压值,对测量结果进行全面分析。

(2) 总结各电路的工作特点。

(3) 分析讨论实验中出现的故障及其排除方法。

4.3　函数信号发生器的设计

4.3.1　实验目的

(1) 理解 RC 桥式振荡电路的组成及工作原理。

(2) 掌握 RC 桥式振荡电路的主要技术指标及测试方法。

(3) 掌握电子系统的一般设计方法,培养综合应用所学知识来指导实践的能力。

4.3.2　实验设备与材料

(1) 函数信号发生器一台。

(2) 模拟电子实验箱一套。

(3) 双踪示波器一台。

(4) 交流毫伏表一台。

(5) 数字万用表一台。

(6) Multisim 虚拟实验平台一套。

4.3.3　实验准备

函数信号发生器一般是指能自动产生正弦波、三角波、方波及锯齿波、阶梯波等电压波形的电路或仪器。组成函数信号发生器使用的器件可以是分立器件,也可以采用集成电路。产生正弦波、方波、三角波的方案有多种,一种常用的方案是:首先产生正弦波,然后通过整型电路将正弦波变换成方波,再由积分电路将方波变成三角波,如图 4.4 所示。另外一种常用的方案是:首先产生方波,再将三角波变成正弦波,如图 4.5 所示。

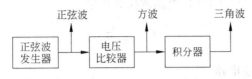

图 4.4　函数信号发生器实现方框图 1

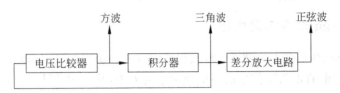

图 4.5　函数信号发生器实现方框图 2

4.3.4　实验原理

1. 正弦波信号发生电路

一种常见的正弦波信号发生电路如图 4.6 所示。图中 R_1、C_1 和 R_2、C_2 为串、并联选频网络,接于运算放大器的输出与同相输入端之间,构成正反馈,以产生正弦自激振荡。R_3、R_P 及 R_4 组成负反馈网络,调节 R_P 可改变负反馈的反馈系数,从而调节放大电路的电压增益,使电压增益满足振荡的幅度条件。

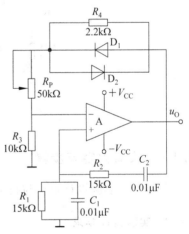

图 4.6　RC 桥式正弦振荡电路

为了使振荡幅度稳定,通常在放大电路的负反馈回路里加入非线性元件来自动调整负反馈放大电路的增益,从而维持输出电压幅度的稳定。图中的两个二极管 D_1 与 D_2 是稳幅元件。当输出电压的幅度较小时,电阻 R_4 两端的电压低,二极管 D_1 和 D_2 截止,负反馈系数由 R_3、R_P 及 R_4 决定;当输出电压的幅度增加到一定程度时,二极管 D_1 和 D_2 在正负半周轮流工作,其动态电阻与 R_4 并联,使负反馈系数加大,电压增益下降。输出电压的幅度越大,二极管的动态电阻 r_D 越小,电压增益也越小,输出电压的幅度保持基本稳定。

为了维持振荡输出,必须保证

$$1 + \frac{R_f}{R_3} = 3 \qquad\qquad (4-1)$$

$$R_f = R_P + (R_4 \mathbin{/\mkern-5mu/} r_D) \qquad\qquad (4-2)$$

为了保证电路起振

$$1 + \frac{R_f}{R_3} > 3 \tag{4-3}$$

当 $R_1 = R_2 = R$，$C_1 = C_2 = C$ 时，电路的振荡频率

$$f = \frac{1}{2\pi RC} \tag{4-4}$$

2. 方波-三角波发生电路

方波-三角波发生电路原理图参见 2.9 节相关内容。

4.3.5 Multisim 仿真实验内容

在 Multisim 10 平台上构建 RC 桥式正弦振荡电路仿真电路，如图 4.7 所示。利用示波器测试电路产生的正弦波信号的幅值及频率的大小，并与理论计算值进行比较分析。

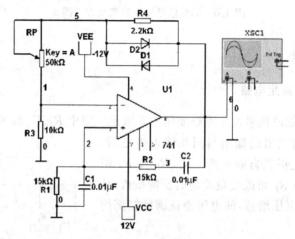

图 4.7 RC 桥式正弦振荡电路仿真电路图

4.3.6 实验内容与步骤

按照下述实验设计要求与技术指标，设计函数信号发生器。

1. 实验设计要求

（1）产生正弦波、方波、三角波。

（2）频率可调。

（3）幅度可调。

2. 技术指标

（1）频率范围为 1Hz～10MHz。

（2）频率可调——每次小于 10Hz。

（3）幅度范围为 2mV～10V。

（4）用示波器观察时无明显失真。

4.3.7 实验报告

（1）正确设计、安装函数信号发生器，观测各点的波形及测量各点的电压值，测量稳压器输出电压的可变范围等相关参数。

（2）提高测量、分析、检查、写报告及解决实际问题的综合能力。

4.3.8 思考题

（1）观测各点的波形及测量各点的电压值。

（2）对测量结果进行全面分析，总结振荡电路、电压比较电路的特点。

（3）分析讨论实验中出现的故障及其排除方法。

4.4 直流稳压电源

4.4.1 实验目的

（1）掌握稳压电源主要技术指标及测试方法；电路结构形式和电路元器件的选择。

（2）熟悉单相半波、全波、桥式整流电路的原理；单相桥式整流、电容滤波电路的特性。

（3）了解电容滤波的作用。

4.4.2 实验设备与材料

（1）函数信号发生器一台。

（2）模拟电子实验箱一套。

（3）双踪示波器一台。

（4）交流毫伏表一台。

（5）数字万用表一台。

（6）Multisim 虚拟实验平台一套。

4.4.3 实验准备

（1）复习有关直流电源部分的内容。

（2）根据电路参数要求进行相关理论计算和选择合适实验元件及测量仪表。

（3）实验涉及的相关内容有交流电压变换、整流、滤波、稳压、保护等，属于综合性实验。请课下进行方案准备和基本电路的设计，在课上完成电路连线及调试，并验证相关设计。

4.4.4 实验原理

电子设备一般都需要直流电源供电。除少数直接利用干电池和直流发电机外，大多数直流电源是采用把交流电转变为直流电的直流稳压电源。直流稳压电源除能够输出不同的电压和电流满足不同电路要求外,还应具有输出电压脉动成分小,输出电压平滑;当电网电压波动或负载变化时,输出电压幅值稳定;电能转换效率高等特点。

1. 直流稳压电源的组成

直流稳压电源通常包括电源变压器、整流电路、滤波电路和稳压电路四部分,如图 4.8 所示。

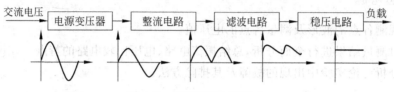

图 4.8　直流稳压电源组成

电源变压器将电网的交流电压 u_1 变换为整流电路所需要的交流电压 u_2。设计中变压器原边和副边电压高低分别取决于地区电网电压和负载要求。变压器原边电压 u_1 和副边电压 u_2 的变比 $k=u_1/u_2$ 是选择变压器的重要参数之一。

整流电路中通常利用二极管等具有单向导电性能的整流元件将交流电压变换成方向不变、大小随时间变化的脉动直流电压。对于对电源要求较低的直流电路,脉动直流电压可以直接应用。在小功率直流电源设备中,常用整流电路结构有半波整流、全波整流、桥式整流及倍压整流等结构形式。整流电路的参数主要包括输出直流电压 $U_{o(AV)}$、脉动系数 S、二极管正向平均电流 $I_{D(AV)}$、二极管最大反向峰值电压 U_{RM} 等。

对电源电压稳定性要求较高的直流电路,通常采用滤波器滤去整流电路输出中较大的脉动分量,得到比较平直的直流电压。电容和电感具有储能作用,可以在二极管导电时间将部分电能以电场和磁场形式储存,然后再逐渐通过负载释放出来,在负载上形成平滑的电压波形。滤波电路可以根据电容和电感的特性组成电容滤波、电感滤波和复式滤波电路结构。

实际应用中,为了得到理想的直流电源,通常在整流滤波电路后设计稳压电路,以克服电网电压波动或电源负载大小变化引起的电源输出电压变化。常用的稳压电路有硅稳压管稳压电路、串联型直流稳压电路及集成稳压电路等。衡量稳压电路的性能指标参数有稳压电路的内阻、稳压系数、电压调整率、电流调整率、最大纹波电压、温度系数,以及噪声电压等。

2. 单相桥式稳压电源电路结构与分析

1) 单相桥式稳压电源电路

分立元件组成的单相桥式硅稳压电路结构如图 4.9 所示。D_1、D_2、D_3、D_4 和 C 组成单相桥式整流电容滤波,限流电阻 R_1 与反向连接的稳压管 D_Z 组成稳压电路。滤波后得到的直流电压为稳压电路的输入电压。

2) 电路主要参数与计算

稳压电路的内阻 R_o 定义为稳压环节输入电压 U_1 保持不变,负载电阻开路时,输出

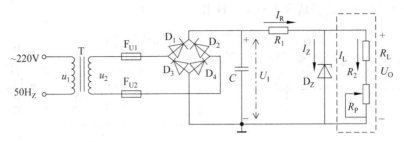

图 4.9　单相桥式硅稳压电路

端的电压变化量 ΔU_o 与 ΔI_o 比值。依据电路原理,稳压电路的内阻 R_o 计算如下

$$R_o = \frac{\Delta U_o}{\Delta I_o} = r_Z \mathbin{/\mkern-5mu/} R_1 \approx r_Z \qquad (4-5)$$

式(4-5)中,r_Z 是稳压管的动态电阻,可从器件手册中查取。显然,r_Z 越小,稳压电路的等效内阻越小,电源负载性能越好。

稳压系数 S_r 是在电源负载电阻大小保持不变时,稳压电源的输出电压相对变化量与输入电压相对变化量之比。一般条件下,若满足 $R_L \gg r_Z,R \gg r_Z$ 时,则 S_r 计算如下

$$S_r = \frac{\Delta U_o}{U_o} \times \frac{U_1}{\Delta U_1} \approx \frac{r_Z}{R_1} \cdot \frac{U_1}{U_o} \qquad (4-6)$$

3)电路元件选择

依据负载电阻 $R_L = R_2 + R_P$ 大小的特点及要求,确定负载变化 $R_{Lmin} < R_L < R_{Lmax}$ 和 $I_{Lmin} < I_L < I_{Lmax}$;确定稳压管工作电压 $U_Z = U_L$ 及工作电流 I_Z 变化 $I_{Zmin} < I_Z < I_{Zmax}$。

依据负载要求、电网电压特点、整流环节综合确定稳压环节输入电压 U_1 及变化 $U_{1min} < U_1 < U_{1max}$。

直流电源硅稳压管电路中限流电阻 R_1 必须选择适当才能较好地实现稳压效果。设稳压管允许最大工作电流为 I_{Zmax},最小工作电流为 I_{Zmin};电网电压最高时整流滤波电路输出电压为 U_{1max},最低为 U_{1min};负载电流最小值为 I_{Lmin},最大值为 I_{Lmax},则稳压电阻 R_1 为

$$\frac{U_{1max} - U_Z}{I_{Zmax} + I_{Lmax}} < R_1 < \frac{U_{1min} - U_Z}{I_{Zmin} + I_{Lmax}} \qquad (4-7)$$

依据电路结构特点,由 u_2 的范围在 $1.1U_1 \sim 1.2U_1$ 之间,确定变比 $k = \dfrac{u_1}{u_2}$ 等变压器参数。

依据 $U_{RM} = \sqrt{2}u_2$,$I_D = \dfrac{1}{2}I_R$ 确定整流二极管相关参数。

3. 串联型直流稳压电源结构

串联型直流稳压电源电路的整流、滤波部分电路与硅稳压电源相同,实际上即是在直流电压 U_1 与负载 $R_L = R_2 + R_P$ 之间串联了调整三极管实现稳压功能。典型串联型直流稳压电源电路如图 4.10 所示。

这里重点叙述电路的稳压部分,由取样电路 R_4、R_5、R_{P1},调整元件为晶体管 VT_1,比较放大电路 VT_2,基准电压电路 D_Z、R_3 等组成为串联型稳压电路;R_1、D_5 组成保护电路。

电路原理分析与元件选择请参考相关教科书。

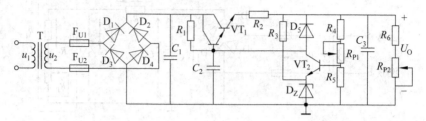

图 4.10　串联型直流稳压电源电路

4. 集成直流稳压电源电路结构

随着集成技术的发展,集成稳压器在直流稳压电源中获得广泛的采用。目前常用的三集成端稳压器有固定式和调节式两种。

(1) 固定三端稳压器典型电路。固定三端稳压器有正电压 78×× 系列和负电压 79×× 系列。除了输出电压极性、引脚定义不同,两系列稳压集成块均具有过电流、过热等保护功能,一般仅需少量外接元件即可工作。典型固定三端稳压器电路如图 4.11 所示。

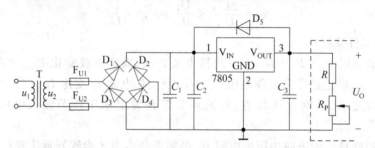

图 4.11　固定三端稳压器电路

(2) 可调三端稳压器典型电路。可调节三端稳压器有正电压 W317 系列和负电压 W337 系列。除了输出电压极性、引脚定义不同,两种系列稳压集成块均具有输出电压可在特定范围内连续可调节,芯片具有过电流、过热等保护功能,一般仅需少量外接元件即可工作。典型可调三端稳压器电路如图 4.12 所示。

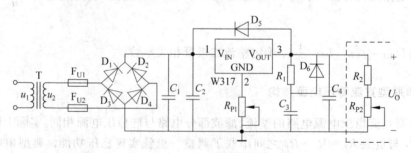

图 4.12　可调三端稳压器电路

5. 稳压电源的主要性能指标及测试

稳压电源质量指标包括允许的输入电压、输出电压、输出电流及电压调整范围等技术指标和稳压系数、输出电阻、温度系数及纹波系数等。稳压电路参数测试电路如图 4.13 所示。

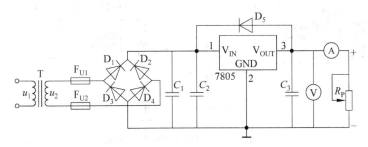

图 4.13　稳压电路参数测试电路

（1）输出电压。输出电压是稳压电源正常工作时的输出电压，通常用 U_O 表示。测试电路输入电压 u_1 为额定工作电压 u_{1N}，通过负载电阻电流 I_O 为额定电流 I_{ON}，此时电压表的示数为电路输出电压。

（2）最大负载电流。稳压电源正常工作时能输出的最大电流，通常用 I_{Omax} 表示。测试电路输入电压 u_1 为额定工作电压 u_{1N}，调节测试电路负载电阻 R_L，当电压表的示数为 $0.95U_{ON}$ 时，电路输出电流为 I_{Omax}。

（3）输出电阻 R_O 为输入电压 U_1（指稳压电路输入电压）保持不变，由于负载变化而引起的输出电压变化量与输出电流变化量之比，即 $R_O = \dfrac{\Delta U_O}{\Delta I_O}(U_O = 常数)$。

（4）稳压系数 S（电压调整率）定义为当负载保持不变，输出电压相对变化量与输入电压相对变化量之比，即 $S = \dfrac{\Delta U_O}{U_O} \times \dfrac{U_1}{\Delta U_1}(R_O = 常数)$。

（5）纹波电压。纹波电压指在额定负载条件下，输出电压中所含交流分量的有效值（或峰值）。

4.4.5　Multisim 仿真实验内容

1. 单相桥式整流电路仿真

在 Multisim 10 软件平台上构建单相桥式整流电路，如图 4.14 所示。

（1）取电路输入 $U_2 = 15$V，负载为可调电阻。运行电路，利用虚拟示波器 XSC1 观察电路输出电压波形，利用虚拟电压表 XMM1 和 XMM2 测试电路输入电压和整流输出电压的有效值并记录。

（2）分析电路 D1、D2、D3、D4 中二极管短路、断路时电路工作情况。通过故障设置，利用虚拟示波器观察电路输出电压波形，利用虚拟电压表测量电路输入电压和整流输出电压的有效值并与分析结论比较。

2. 结合电源工作原理和单相桥式整流电路仿真设计

在 Multisim 10 软件平台上构建桥式整流电容滤波电路、桥式整流电容滤波硅稳压管稳压电路等直流稳压电源结构,进行电路仿真并比较稳压性能。

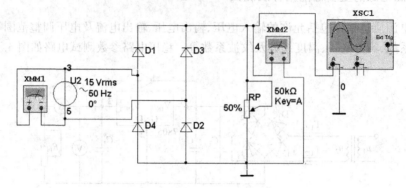

图 4.14　单相桥式整流仿真电路

4.4.6　实验内容与步骤

1. 单相桥式整流电容滤波稳压管电源电路

(1) 结合实验材料分析单相桥式整流电容滤波硅稳压管电源电路的结构,并分析电路相关参数。

(2) 按照图 4.9 认真连接实验电路并仔细检查。

(3) 保持电源输入电压不变,测试负载变化时电路的稳压性能。改变负载电阻 R_L,使负载电流 I_L 分别等于 5mA、10mA、15mA。测量 U_L、U_R、I_R 并计算电源输出电阻。

(4) 保持负载 R_L 不变,测试电源电压变时电路的稳压性能。改变电路输入为 7.5V、15V,按表内容测量填入表 4.1 中,并计算稳压系数。

表 4.1　负载电压、电流测量

U_I/V	U_L/V	I_R/mA	I_L/mA
7.5			
15			

2. 串联型稳压电源性能测试

(1) 结合实验材料分析串联型稳压电源电路的结构和电路相关参数。

(2) 断开电源,按图 4.10 连接实验电路并仔细检查。

(3) 输出端负载开路,断开保护电路,接通工频电源,测量整流电路输入电压 U_2,滤波电路输出电压 U_I 及输出电压 U_O。调节电位器 R_W,观察 U_O 的变化情况。

4.4.7　实验报告

(1) 设计、安装直流稳压电源,观察各测量点波形,测量稳压器输出电压的可变范围等相关参数。

（2）整理实验数据，对测量结果进行全面分析，总结桥式整流、电容滤波电路的特点。

4.4.8 思考题

（1）观测各点的波形及测量各点的电压值。

（2）测量稳压器输出电压的可变范围的关系。

（3）分析讨论实验中出现的故障及其排除方法。

4.5 8421BCD 码全加器

4.5.1 实验目的

设计一个一位 8421BCD 码全加器，并且显示出和数。

4.5.2 实验设备与材料

（1）数字电路实验箱一套。

（2）双踪示波器一台。

（3）数字万用表一台。

（4）元器件：

- 74LS283 四位二进制加法计数器二片；
- 74LS00 四 2 输入与非门二片；
- 74LS249 七段字形译码器二片；
- 七段发光二极管数码管一块；
- 电阻若干。

4.5.3 实验准备

（1）阅读本实验的实验原理以及附录的相关内容。

（2）复习全加器和显示译码器的工作原理。

4.5.4 实验原理

1. 8421BCD 码全加器

8421BCD 码即四位二进制数的前 10 种状态组成的一位十进制数。两个 8421BCD 码相加，可以有 19 种不同的和数形式。真值表如表 4.2 所示，和小于或等于 9 时是不需要修正的，0～9 可以直接用四位二进制全加器实现并且加以显示。和大于 9 时需要修正才能正常显示，10～18 需要向高位进位，且每进一位即相当从和中减去一个 $(10)_{10} = (1010)_2$ 或加其补码 $(0110)_2 = (6)_{10}$，即每有一个进位都要在 S_i 上加个 $(0110)_2$ 进行校正，所以 8421BCD 码全加器是用四位二进制全加器和加 6 校正电路组成的。

表 4.2　8421BCD 码全加器的真值表

十进制数	未校正 BCD 的和						校正后 BCD 的和					
	C_o	和数 S_i					C'_o	和数 S'_i				
		S_3	S_2	S_1	S_0			S'_3	S'_2	S'_1	S'_0	
0	0	0	0	0	0		0	0	0	0	0	
1	0	0	0	0	1		0	0	0	0	1	
2	0	0	0	1	0		0	0	0	1	0	
3	0	0	0	1	1		0	0	0	1	1	
4	0	0	1	0	0		0	0	1	0	0	
5	0	0	1	0	1		0	0	1	0	1	
6	0	0	1	1	0		0	0	1	1	0	
7	0	0	1	1	1		0	0	1	1	1	
8	0	1	0	0	0		0	1	0	0	0	
9	0	1	0	0	1		0	1	0	0	1	
10	0	1	0	1	0		1	0	0	0	0	
11	0	1	0	1	1		1	0	0	0	1	
12	0	1	1	0	0		1	0	0	1	0	
13	0	1	1	0	1		1	0	0	1	1	
14	0	1	1	1	0		1	0	1	0	0	
15	0	1	1	1	1		1	0	1	0	1	
16	1	0	0	0	0		1	0	1	1	0	
17	1	0	0	0	1		1	0	1	1	1	
18	1	0	0	1	0		1	1	0	0	0	

由表 4.2 可知,需要进位的数分为两种情况。

(1) 16～18 产生自然进位,由 C_o 实现。

(2) 10～15 无自然进位,需要强迫进位。则校正后的 C'_o 为

$$C'_o = C_o + S_3 S_2 + S_3 S_1 \tag{4-8}$$

2. 进位处理电路

由表 4.2 可知,当 8421BCD 码全加器有进位(即 $C'_o = 1$)时,必减 $(10)_{10} = (1010)_2$,或加补码 $(0110)_2$,加补码这一功能可以用 74LS283 四位二进制加法计数器来实现。电路框图如图 4.15 所示。

3. 译码显示电路

1) 七段发光二极管(LED)数码管

LED 数码管是目前最常用的数字显示器,有共阴字形管和共阳字形管两种类型。一

个 LED 数码管可用米显示一位 0～9 十进制数,通常每个发光二极管的点亮电流在 5～10mA。

2）BCD 码七段译码驱动器 74LS249

LED 数码管要显示 BCD 码所表示的十进制数字就需要有一个专门的译码器,该译码器不但要完成译码功能,还要有相当的驱动能力。74LS249 适用于共阴极字形管。

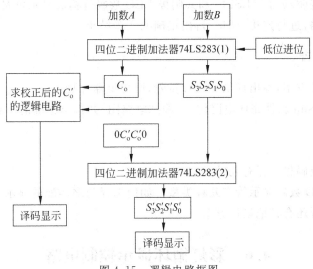

图 4.15　逻辑电路框图

4.5.5　Multisim 仿真实验内容

在 Multisim 10 平台上构建四位二进制加法器仿真电路,如图 4.16 所示。仿真分析四位二进制加法器的工作原理。

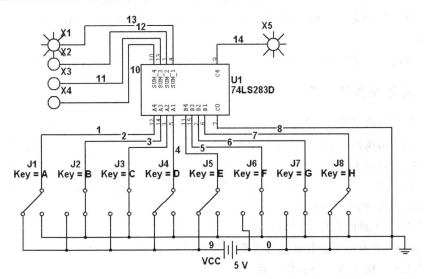

图 4.16　四位二进制加法器仿真电路图

4.5.6　实验内容与步骤

（1）用一片 74LS283 实现两个 8421BCD 码 A 和 B 的加法，求出进位 C_0 和数 S_i。

（2）使用与非门，根据逻辑函数式(4-8)求 C_i'。

（3）再用一片 74LS283 实现进位处理电路。将数 S_i 与 $(0C_0'C_0'0)_2$ 相加，求 S_i'。

（4）七段译码驱动器 74LS249 和共阴极 LED 数码管构成显示电路来显示 C_i' 和 S_i'。

（5）设计电路，进行连接、调试，得出正确的实验结果。

4.5.7　实验报告

（1）确定设计方案，写出详细的设计步骤，画出电路原理图。

（2）用 Multisim 软件完成电路仿真，调试电路图，并得出正确的仿真结果。

4.5.8　思考题

（1）常用的数码显示器有几种类型？

（2）七段 LED 数码显示管有几种类型？如何选择与之匹配的显示译码器？

（3）讨论是否还有其他设计方案。

4.6　彩灯循环显示控制电路

4.6.1　实验目的

设计一个具有以下功能的彩灯循环显示控制电路。

（1）四只发光二极管显示。

（2）设置外部操作开关，使它具有控制彩灯全亮及全灭功能。

（3）设彩灯的输出为 $Q_0 \sim Q_3$，第一节拍时，$Q_0 \sim Q_3$ 依次点亮；第二节拍时，$Q_3 \sim Q_0$ 依次熄灭。

（4）执行一个循环共需要 8s。

4.6.2　实验设备与材料

（1）数字电路实验箱一套。

（2）双踪示波器一台。

（3）数字万用表一台。

（4）元器件：

• 555 时基电路一片；

• 74LS194 双向移位寄存器一片；

• 74LS163 四位二进制加法计数器一片；

• 74LS00 四 2 输入与非门二片。

4.6.3　实验准备

（1）阅读本实验的实验原理以及附录的相关内容。

（2）复习移位寄存器、计数器、555时基电路构成多谐振荡器的工作原理。

4.6.4　实验原理

由设计要求出发可知彩灯的两个节拍可以用移位寄存器74LS194实现，通过控制移位寄存器74LS194的左移、右移端来实现。第一节拍为1右移，第二节拍为0左移。由于彩灯循环一次要8s，故需要一个八进制的计数器控制循环。

1. 秒脉冲信号

由555时基电路和外接元件电阻、电容构成多谐振荡电路，电路输出得到一个周期性的矩形脉冲，其周期为 $T=0.7(R_1+2R_2)C$，确定参数 $C=1\mu F$，R_1、R_2 分别接 $100k\Omega$ 和 $50k\Omega$ 的滑动变阻器，调节变阻器而实现周期1s。

2. 移位控制

由表4.3可知，74LS194双向移位寄存器，具有左移、右移、保持、复位和置数等功能，通过对 M_1 和 M_0 的设置可实现不同功能；D_0、D_1、D_2 和 D_3 是数据输入端主要用于置数使用；D_{SR} 和 D_{SL} 分别是右移和左移的数据输入端；Q_0、Q_1、Q_2 和 Q_3 为输出端。输入端CP接信号脉冲，输出端接保护电阻与发光二极管，同时分别在置数端、清零端接拨码开关控制全亮、全灭。

表 4.3　74LS194 状态表

输　　入										输　　出				注
$\overline{CR}$	M_0	M_1	D_{SR}	D_{SL}	CP	D_0	D_1	D_2	D_3	Q_0^{n+1}	Q_1^{n+1}	Q_2^{n+1}	Q_3^{n+1}	—
0	×	×	×	×	×	×	×	×	×	0	0	0	0	清零
1	×	×	×	×	0	×	×	×	×	Q_0^n	Q_1^n	Q_2^n	Q_3^n	保持
1	1	1	×	×	↑	D_0	D_1	D_2	D_3	D_0	D_1	D_2	D_3	并行输入
1	0	1	1	×	↑	D_0	D_1	D_2	D_3	1	Q_0^n	Q_1^n	Q_2^n	右移输入1
1	0	1	0	×	↑	D_0	D_1	D_2	D_3	0	Q_0^n	Q_1^n	Q_2^n	右移输入0
1	1	0	×	1	↑	D_0	D_1	D_2	D_3	Q_1^n	Q_2^n	Q_3^n	1	左移输入1
1	1	0	×	0	↑	D_0	D_1	D_2	D_3	Q_1^n	Q_2^n	Q_3^n	0	左移输入0
1	0	0	×	×	↑	D_0	D_1	D_2	D_3	D_0	D_1	D_2	D_3	保持

若彩灯的输出为 $Q_0 \sim Q_3$，初始状态时为0000，第一节拍时，$Q_0 \sim Q_3$ 依次点亮，状态转换图为

$$0000 \rightarrow 1000 \rightarrow 1100 \rightarrow 1110 \rightarrow 1111$$

可以用 74LS194 右移 1 这个功能来实现。第二节拍时，$Q_3 \sim Q_0$ 依次熄灭，状态转换图为

$$1111 \rightarrow 1110 \rightarrow 1100 \rightarrow 1000 \rightarrow 0000$$

可以用 74LS194 左移 0 这个功能来实现。

3. 八进制计数器设计

74LS163 的 CP 输入端接秒信号脉冲。当它从 0000 计数到 0011 时清零（74LS163 为同步清零方式），实现八进制计数器。

4. 电路真值表

可以用计数器的输出端控制移位寄存器 74LS194 的 M_1 和 M_0。电路的真值表如表 4.4 所示，设计数器的输出端为 $Q_D Q_C Q_B Q_A$。

表 4.4　循环电路真值表

CP	时间/s	节拍	Q_D	Q_C	M_0	M_1	D_{SR}	D_{SL}	注
0	1		0	0	0	1	1	×	
1	2	第一节拍	0	0	0	1	1	×	右移 1
2	3		0	0	0	1	1	×	
3	4		0	0	0	1	1	×	
4	5		0	1	1	0	×	0	
5	6	第二节拍	0	1	1	0	×	0	左移 0
6	7		0	1	1	0	×	0	
7	8		0	1	1	0	×	0	

由表 4.4 得

$$M_1 = \overline{Q_D} \cdot \overline{Q_C}, \quad M_0 = \overline{Q_D} \cdot Q_C \tag{4-9}$$

4.6.5　Multisim 仿真实验内容

在 Multisim 10 平台上构建秒信号发生器仿真电路，如图 4.17 所示。仿真分析秒信号发生器的工作原理。

4.6.6　实验内容与步骤

（1）使用函数信号发生器或者用 555 时基电路构成多谐振荡器获得秒脉冲信号。

（2）使用 74LS163 设计一个八进制计数器，74LS163 的 CP 输入端接秒脉冲信号，获得 8s 循环时间。

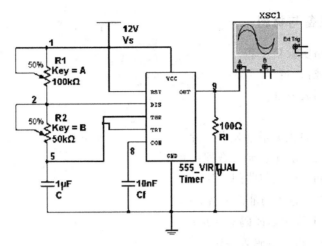

图 4.17　秒信号发生器仿真电路图

（3）将 74LS194 双向移位寄存器的置数端、清零端接拨码开关，以实现全亮、全灭功能控制。

（4）将 74LS194 双向移位寄存器的 D_{SR} 端接为高电平，D_{SL} 端接为低电平，根据式(4-9)将计数器的输出端 Q_D、Q_C 与双向移位寄存器的输入端 M_1、M_0 进行连接。

（5）将 74LS194 双向移位寄存器的输出端 Q_0、Q_1、Q_2 和 Q_3 接 4 个发光二极管，观察发光二极管的变化规律。

（6）设计电路，进行连接、调试，得出正确的实验结果。

4.6.7　实验报告

（1）确定设计方案，按功能模块的划分选择元器件，写出详细的设计步骤，画出电路原理图。

（2）用 Multisim 软件完成电路仿真，调试电路图，并得出正确的仿真结果。

4.6.8　思考题

（1）实验中获得脉冲信号的方法有几种？

（2）任意进制计数器的设计方法是什么？

（3）讨论是否还有其他的设计方案。

4.7　演讲自动报时器

4.7.1　实验目的

设计一个演讲自动报时控制电路，要求演讲时间为 6min，在剩最后 1min 时喇叭响一下提醒演讲者。在 6min 时喇叭再次鸣叫，鸣叫时间为 1min，通知台上的演讲者时间已到，应停止演讲。要求用指示灯显示秒数（以 10s 为单位），用显示器显示分钟数。

4.7.2 实验设备与材料

（1）数字电路实验箱一套。

（2）双踪示波器一台。

（3）数字万用表一台。

（4）元器件：

- 74LS74 二 D 上升沿触发器三片；
- 74LS290 二-五-十进制计数器一片；
- 74LS00 四 2 输入与非门二片；
- 74LS20 二 4 输入与非门一片；
- 74LS249 七段字形译码器一片；
- 七段发光二极管数码管一块；
- 喇叭一个；
- 三极管若干；
- 电阻若干。

4.7.3 实验准备

（1）阅读本实验的实验原理以及附录的相关内容。

（2）复习 D 触发器构成移位寄存器的工作原理。

（3）复习译码显示电路的工作原理。

4.7.4 实验原理

电路中采用函数信号发生器产生的 10s 脉冲信号 CP。

1. 指示灯显示秒数电路（以 10s 为单位）

采用 6 个 D 触发器构成 6 位移位寄存器。移位寄存器中每一个触发器的输出端都接一个指示灯，以显示移位状态。接通电源后，接通拨扭开关 K，利用 D 触发器的置位端和复位端使寄存器预置成 100000 状态。之后每隔 10s 输入一个 CP 脉冲，使寄存器右移一位，$Q_6Q_5Q_4Q_3Q_2Q_1$ 移位状态如图 4.18 所示。

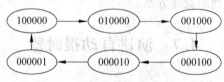

图 4.18　指示灯移位状态图

2. 计数器构成一个"分钟"电路

移位寄存器每循环周期为 60s。60s 后，在下一个 CP 脉冲作用下，Q_6 由 1 变为 0，给计数器输入一个计数脉冲，计数器计数容量设计为 6，即为 1min。计数器的原理见实验 3.5。

注意：计数器在开始计数前，通过拨扭开关 K 与移位寄存器同步置 0。

3. 译码、显示电路

计数器的输出接入译码器，经译码后接入数码显示管显示分钟数。译码显示电路见 4.5 节 8421BCD 码全加器。

4. 音频信号源

由 RC 环形振荡器构成音频信号源，电路图如图 4.19 所示。选择合适的 R、R_1 阻值。电容 C 在 500pF～5μF 范围内选取，使频率在 100Hz～2.5MHz 范围内变化。

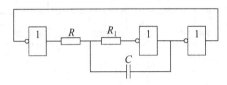

图 4.19　RC 环形振荡器构成的音频信号源

5. 音响电路

采用射极输出器推动 8Ω 的喇叭，三极管 VT 为高频小功率管。为保护喇叭，在三极管的基极和发射极分别串接合适的电阻。电路图如图 4.20 所示。

6. 控制电路

（1）5min 后，音频通过喇叭发出鸣叫，10s 后停止。

（2）6min 后，音频通过喇叭发出 1min 的鸣叫。

（3）7min 后，移位寄存器的输出 Q_6 被置位，同时计数器被清零复位。

（4）超过 7min，可用拨扭开关 K 直接置位。

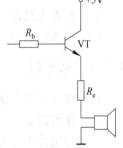

图 4.20　音响电路

4.7.5　Multisim 仿真实验内容

在 Multisim 10 平台上构建移位寄存器仿真电路图，如图 4.21 所示。仿真分析移位寄存器的工作原理。

4.7.6　实验内容与步骤

（1）使用函数信号发生器获得 10s 脉冲信号。

（2）用 3 片 74LS74 构成 6 位移位寄存器，同时通过拨钮开关 K 将移位寄存器 $Q_6Q_5Q_4Q_3Q_2Q_1$ 的状态初始化为 100000。

（3）将 74LS290 设计为六进制计数器。

（4）七段译码驱动器 74LS249 和共阴极 LED 数码管构成译码显示电路来显示分钟数。

（5）按照图 4.19 构成 RC 环形振荡器，选择计算出 R 和 R_1 的阻值。

（6）将计数器的输出作为控制电路的输入，用与非门根据控制要求设计出控制电路。

（7）按照图 4.20 接入 8Ω 的喇叭，选择计算出 R_b 和 R_e 的阻值。

（8）设计电路，进行连接、调试，得出正确的实验结果。

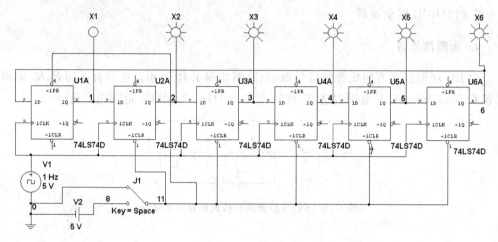

图 4.21　移位寄存器仿真电路图

4.7.7　实验报告

（1）根据电路设计方案设计电路，写出详细的设计步骤，画出电路原理图。

（2）用 Multisim 软件完成电路仿真，调试电路图，并得出正确的仿真结果。

4.7.8　思考题

（1）移位寄存器输入输出方式有几种？

（2）如何用集成移位寄存器来实现指示灯显示秒数电路？

（3）讨论是否还有其他的设计方案。

（4）如何采用 555 时基电路实现音频信号源？

附录 A Multisim 10 使用简介

Multisim 10 是美国国家仪器公司下属的 Electronics Workbench Group 推出的交互式 SPICE 仿真和电路分析软件,专用于原理图绘制、交互式仿真、电路板设计和集成测试。它包含电路原理图的图形输入、电路硬件描述语言两种输入方式,具有强大的仿真分析能力。Multisim 10 的基础是正向仿真,为用户提供了一个软件平台,允许用户在进行硬件实现以前,对电路进行观测和分析。本书将以教育版为演示软件,结合教学的实际需要,简要地介绍该软件的概况和使用方法。

A.1 Multisim 10 概述

Multisim 10 软件以图形界面为主,采用菜单栏、工具栏和快捷键相结合的方式,具有一般 Windows 应用软件的界面风格。

A.1.1 Multisim 10 的主窗口界面

启动 Multisim 10 后,将出现如图 A.1 所示的主窗口界面。

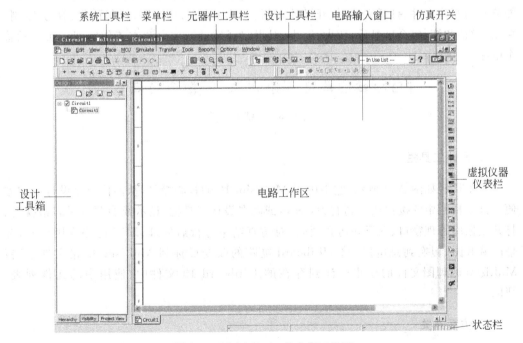

图 A.1 Multisim 10 的主窗口界面

Multisim 10 的主窗口界面由多个区域构成,包括菜单栏、状态栏、各种工具栏,以及电路输入窗口、元器件库及虚拟仪器库等。通过对各部分的操作可以实现电路图的输入、编辑,并根据需要对电路进行相应的观测和分析。用户可以通过菜单或工具栏改变主窗口的视图内容。下面对各部分进行介绍。

1. 菜单栏

菜单栏位于软件操作界面的上方,通过菜单栏可以对 Multisim 10 的所有功能进行操作。菜单栏如图 A.2 所示。

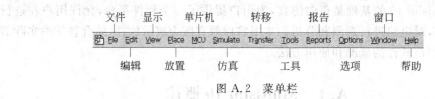

图 A.2　菜单栏

菜单栏中有很多与大多数 Windows 平台上的应用软件一致的功能选项,如 File、Edit、View、Options、Help。此外,还有一些 EDA 软件专用的功能选项,如 Place、Simulate、Transfer 和 Tools 等。

2. 系统工具栏

系统工具栏如图 A.3 所示,主要提供一些常用的文件操作功能,按钮从左到右的功能分别为新建文件、打开文件、打开设计实例、文件保存、打印电路、打印预览、剪切、复制、粘贴、撤销和恢复;全屏显示、放大、缩小、对指定区域进行放大和在工作空间一次显示整个电路。

图 A.3　系统工具栏

3. 设计工具栏

主工具栏如图 A.4 所示,它集中了 Multisim 10 的核心操作,从而使电路设计更加方便。该工具栏中的按钮从左到右为:显示或隐藏设计工具栏、显示或隐藏电子表格视窗、打开数据库管理窗口、图形和仿真列表、对仿真结果进行后处理、ERC 电路规则检测、屏幕区域截图、切换到总电路、将 Ultiboard 电路的改变反标到 Multisim 电路文件中、将 Multisim 原理图文件的变化标注到存在的 Ultiboard 10 文件中、使用中的元件列表、帮助。

4. 仿真开关

用于控制仿真过程的开关有两个:仿真启动/停止开关和仿真暂停开关,如图 A.5 所示。

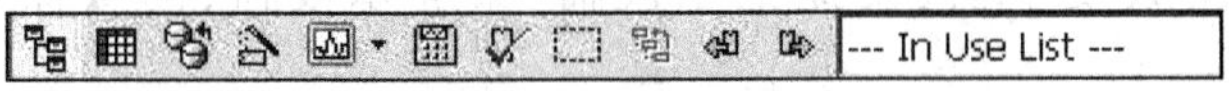

图 A.4 设计工具栏

图 A.5 Simulation 工具栏

5. 元器件工具栏

Multisim 10 的元器件工具栏包括 16 种元件分类库,提供了世界主流元件提供商的超过 17000 多种元件,如图 A.6 所示。

图 A.6 元器件工具栏

每个元件库放置同一类型的元件,元件工具栏还包括放置层次电路和总线的命令。元件工具栏从左到右的模块分别如下。

(1)电源库:包括电源、信号电压源、信号电流源、可控电压源、可控电流源、函数控制器件 6 个类。

(2)基本元件库:包含基础元件,如电阻、电容、电感、二极管、三极管、开关等。

(3)二极管库:包含普通二极管、齐纳二极管、二极管桥、变容二极管、PIN 二极管、发光二极管等。

(4)晶体管库:包含 NPN、PNP、达林顿管、IGBT、MOS 管、场效应管、可控硅等。

(5)模拟器件库:模拟器件库,包括运放、滤波器、比较器、模拟开关等模拟器件。

(6)TTL 元器件库:包含 TTL 型数字电路,如 7400、7404 等门 BJT 电路。

(7)COMS 元器件库:COMS 型数字电路,如 74HC00、74HC04 等 MOS 管电路。

(8)混合数字电路库:包含 DSP、CPLD、FPGA、PLD、单片机-微控制器、存储器件、一些接口电路等数字器件。

(9)混合元器件库:包含晶振、电子管、滤波器、MOS 驱动和其他一些器件等。

(10)指示元器件库:包含电压表、电流表、探针、蜂鸣器、灯、数码管等显示器件。

(11)Power 元器件库:包含保险丝、稳压器、电压抑制、隔离电源等。

(12)混合元器件库:包含定时器、AC/DA 转换芯片、模拟开关、振荡器等。

(13)外围元器件库:包含键盘、LCD 和一个显示终端的模型。

(14)射频元器件库:包含一些 RF 器件,如高频电容电感、高频三极管等。

(15)电子机械器件库:包含传感开关、机械开关、继电器、电机等。

(16)MCU 模型:Multisim 10 的单片机模型比较少,只有 8051 PIC16 的少数模型和一些 ROM RAM 等。

6. 虚拟仪器仪表栏

虚拟仪器仪表栏包含各种对电路工作状态进行测试的仪器仪表及探针,如图 A.7 所示,仪器工具栏从左到右分别为数字万用表、函数信号发生器、功率表、双踪示波器、四踪示波器、波特图仪、频率计、字信号发生器、逻辑分析仪、伏安特性分析仪、失真分析仪、频谱分析仪、网络分析仪、安捷伦函数发生器、安捷伦示波器、泰克示波器、测量探针、LabView 虚拟仪器和电流探针。

图 A.7　虚拟仪器仪表栏

7. 设计工具箱

设计工具箱用来管理原理图的不同组成元素。设计工具箱由 3 个不同的选项卡组成，分别为层次化(Hierachy)选项卡、可视化(Visibility)选项卡和工程视图(Project View)选项卡。

8. 电路工作区

在电路工作区中可进行电路的编制绘制、仿真分析及波形数据显示等操作，如果有需要，还可以在电路工作区内添加说明文字及标题框等。

9. 状态栏

状态栏用于显示有关当前操作及鼠标所指条目的相关信息。

10. 其他

以上内容主要介绍了 Multisim 10 的基本界面组成部分。当用户常用 View(视图)菜单下的其他功能窗口和工具栏时，也可将其放入主窗口界面中。

A.1.2　菜单栏

菜单栏的每一个菜单下都有一系列菜单项，用户可以根据需要在相应的菜单下寻找。下面介绍一下在电路仿真实验中常用的菜单及菜单项的功能。

1. File 菜单

File 菜单中包含了对文件和项目的基本操作以及打印等命令，如表 A.1 所示。

表 A.1　File 菜单

命　令	功　能	命　令	功　能
New	建立新文件	Close Project	关闭项目
Open	打开文件	Version Control	版本管理
Open Samples	打开安装路径下的自带实例	Print Circuit	打印电路
Close	关闭当前文件	Print Report	打印报表
Save	保存	Print Instrument	打印仪表
Save As	另存为	Recent Designs	最近编辑过的文件
New Project	建立新项目	Recent Project	最近编辑过的项目
Open Project	打开项目	Exit	退出 Multisim
Save Project	保存当前项目		

2. Edit 菜单

Edit 菜单提供了类似于图形编辑软件的基本编辑功能,用于对电路图进行编辑,如表 A.2 所示。

表 A.2　Edit 菜单

命　　令	功　　能
Undo	撤销编辑
Cut	剪切
Copy	复制
Paste	粘贴
Delete	删除
Select All	全选
Delete Multi-page	从多页电路文件中删除指定页
Paste as Subcricuit	从剪贴板中已选的内容粘贴成电子电路形式
Find	查找当前工作区内的原件
Graphic Annotation	图形注释选项,包括填充颜色、类型、画笔颜色、类型和箭头类型
Assign to Layer	将已选的项目(如 REC 错误标志、静态指针、注释和文本/图形)安排到注释层
Layer Setting	设置可显示的对话框
Orientation	设置元件的旋转角度
Edit Symbol/Title Block	对已选定的图形符号或工作区内的标题框进行编辑
Font	对已选项目的字体进行编辑
Comment	对已有的注释项进行编辑
Properties	打开被选中元器件的属性对话框

3. View 菜单

通过 View 菜单可以决定使用软件时的视图,对一些工具栏和窗口进行控制,如表 A.3 所示。

表 A.3　View 菜单

命　　令	功　　能	命　　令	功　　能
Full Screen	全屏显示	Show Border	显示标题栏和图框
Zoom In	放大显示	Status Bars	显示状态栏
Zoom Out	缩小显示	Toolbars	显示工具栏
Show Grid	显示栅格	Grapher	显示波形窗口
Show Page Bounds	显示页边界		

4. Place 菜单

Place 菜单中的命令用于输入电路图,如表 A. 4 所示。

表 A.4 Place 菜单

命　令	功　能	命　令	功　能
Place Component	放置元器件	Place Connectors	放置接口
Place Junction	放置连接点	Place Text	放置文字
Place Wire	放置导线	Place New Subcircuit	放置子电路
Place Bus	放置总线		

5. Simulate 菜单

Simulate 菜单用于执行仿真分析命令,如表 A. 5 所示。

表 A.5 Simulate 菜单

命　令	功　能
Run	执行仿真
Pause	暂停仿真
Stop	停止仿真
Instruments	选用仪表(也可通过工具栏选择)
Analyses	选用各项分析功能
Postprocessor	启用后处理
VHDL Simulation	进行 VHDL 仿真
Auto Fault Option	自动设置故障选项

6. Transfer 菜单

Transfer 菜单提供的命令可以完成 Multisim 对其他 EDA 软件需要的文件格式的输出,如表 A. 6 所示。

表 A.6 Transfer 菜单

命　令	功　能
Transfer to Ultiboard	将所设计的电路图转换为 Ultiboard(Multisim 中的电路板设计软件)的文件格式
Export to PCB Layout	将所设计的电路图以其他电路板设计软件所支持的文件格式输出
Backannotate From Ultiboard	将在 Ultiboard 中所做的修改标记到正在编辑的电路中
Export Netlist	输出电路网表文件

7. Options 菜单

Options 菜单可以完成对软件运行环境的定制和设置,如表 A.7 所示。

表 A.7　Options 菜单

命　　令	功　　能
Global Preference	设定软件整体环境参数
Sheet Preference	设定编辑电路的环境参数

8. Help 菜单

Help 菜单提供了对 Multisim 的在线帮助和辅助说明,如表 A.8 所示。

表 A.8　Help 菜单

命　　令	功　　能	命　　令	功　　能
Multisim Help	Multisim 的在线帮助	Release Note	Multisim 的发行申明
Component Reference	Multisim 的参考文献	About Multisim	Multisim 的版本说明

A.1.3　虚拟仪器仪表栏

Multisim 10 中提供了 20 种在电子线路分析中常用的仪器。这些虚拟仪器仪表的参数设置、使用方法和外观设计与实验室中的真实仪器基本一致。在 Multisim 10 中选择 Simulate→Instruments 后,便可以使用它们。虚拟仪器仪表栏如图 A.7 所示。

下面介绍电子技术基础实验中的常用的虚拟仪器仪表的使用方法。

1. 数字万用表

数字万用表(Multimeter)可以用来测量交流电压(电流)、直流电压(电流)、电阻以及电路中两节点的分贝损耗。其量程可自动调整。

选择 Simulate→Instruments→Multimeter 后,有一个万用表虚影跟随鼠标移动在电路窗口的相应位置,单击,完成虚拟仪器的放置。数字万用表图标如图 A.8 所示。

双击该图标得到数字万用表参数设置控制面板,如图 A.9 所示。

图 A.8　数字万用表图标　　　　图 A.9　数字万用表参数设置控制面板

该面板上方的黑色条形框用于测量数值的显示,下方为测量类型的选取栏。选取栏中的各个按钮的功能如下所述。

① A:测量对象为电流。

② V:测量对象为电压。

③ Ω:测量对象为电阻。

④ dB:将万用表切换到分贝显示。

⑤ ~:表示万用表的测量对象为交流参数。

⑥ —:表示万用表的测量对象为直流参数。

⑦ +:对应万用表的正极。—:对应万用表的负极。

⑧ Set:单击该按钮,可以设置数字万用表的各个参数。

2. 函数信号发生器

函数信号发生器(Function Generator)是用来提供正弦波、三角波和方波信号的电压源。

选择 Simulate→Instruments→Function Generator,得到如图 A.10 所示的函数信号发生器图标。

双击该图标,得到如图 A.11 所示的函数信号发生器参数设置控制面板。

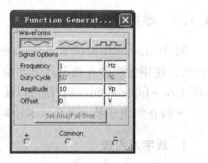

图 A.10 函数信号发生器图标   图 A.11 函数信号发生器参数设置控制面板

该控制面板的各个部分的功能如下:最上方的 3 个按钮用于选择输出波形,分别为正弦波、三角波和方波。下方为输出信号属性设置。

① Frequency:设置输出信号的频率。

② Duty Cycle:设置输出的方波和三角波电压信号的占空比。

③ Amplitude:设置输出信号幅度的峰值。

④ Offset:设置输出信号的偏置电压,即设置输出信号中直流成分的大小。

⑤ Set Rise/Fall Time:设置上升沿与下降沿的时间。仅对方波有效。

⑥ +:表示波形电压信号的正极性输出端。

⑦ —:表示波形电压信号的负极性输出端。

⑧ Common:表示公共接地端。

3. 双踪示波器

双踪示波器(Oscilloscope)主要用来显示被测量信号的波形,还可以用来测量被测信号的频率和周期等参数。选择 Simulate→Instruments→Oscilloscope,得到如图 A.12所示的示波器图标。

图 A.12　双踪示波器图标

双击该图标,得到如图 A.13 所示的双踪示波器参数设置控制面板。

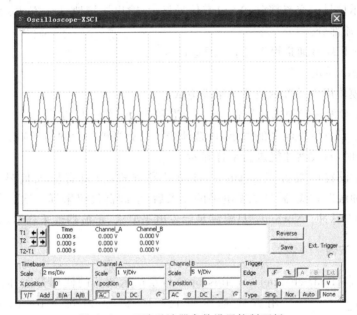

图 A.13　双踪示波器参数设置控制面板

双踪示波器的面板控制设置与真实示波器的设置基本一致,一共分成 3 个模块的控制设置。

(1) Timebase 模块。

Timebase 模块主要用来进行时基信号的控制调整。

① Scale:X 轴刻度选择。控制在示波器显示信号时,横轴每一格所代表的时间(单位为 ms/Div,范围为 1Ps～1000Ts)。

② X position:用来调整时间基准的起始点位置,即控制信号相对 X 轴的偏移位置。

③ Y/T 按钮:选择 X 轴显示时间刻度且 Y 轴显示电压信号幅度的示波器显示方法。

④ Add:选择 X 轴显示时间以及 Y 轴显示的电压信号幅度为 A 通道和 B 通道的输入电压之和。

⑤ B/A:选择 A 通道信号作为 X 轴扫描信号,B 通道信号幅度除以 A 通道信号幅度后所得信号作为 Y 轴的信号输出。

⑥ A/B：选择 B 通道信号作为 X 轴扫描信号，A 通道信号幅度除以 B 通道信号幅度后所得信号作为 Y 轴的信号输出。

（2）Channel 模块。

Channel 模块用于双踪示波器输入通道的设置。

① Channel A：A 通道设置。

② Scale：Y 轴的刻度选择。控制在示波器显示信号时，Y 轴每一格所代表的电压刻度（单位为 V/Div）。

③ Y position：用来调整示波器 Y 轴方向的原点。AC 方式：滤除显示信号的直流部分，仅仅显示信号的交流部分；0：没有信号显示，输出端接地；DC 方式：将显示信号的直流部分与交流部分。

④ Channel B：B 通道设置，同 A 通道设置。

（3）Trigger 模块。

Trigger 模块用于设置示波器的触发方式。

① Edge：触发边缘的选择设置，有上边沿和下边沿等选择方式。

② Level：设置触发电平的大小，该选项表示只有当被显示的信号幅度超过右侧的文本框中的数值时，示波器才能进行采样显示。

③ Type：设置触发方式。Auto：自动触发方式，只要有输入信号就显示波形；Single：单脉冲触发方式，满足触发电平的要求后，示波器仅仅采样一次。每按 Single 一次产生一个触发脉冲；Normal：只要满足触发电平要求，示波器就采样显示输出一次。

4. 四踪示波器

四踪示波器（Four-channel Oscilloscope）与双踪示波器的使用方法和内部参数的调用方式基本一致。选择 Simulate → Instruments → Four-channel Oscilloscope，得到如图 A.14 所示的四踪示波器图标。

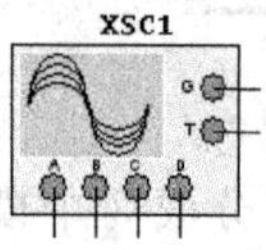

图 A.14　四踪示波器图标

双击该图标得到如图 A.15 所示的四踪示波器参数设置控制面板。

从图 A.15 中可以看出，四踪示波器的内部参数示波器的控制面板仅仅比双踪示波器的内部参数示波器的控制面板多了一个通道控制旋钮。当旋钮转到 A、B、C、D 中的某一通道时，四踪示波器对该通道的显示波形进行显示。其中，Reverse 按钮可以将示波器显示屏的背景由黑色改为白色。Save 按钮用于保存所显示波形。

5. 波特图仪

波特图仪（Bode Plotter）又称为频率特性仪，主要用于测量滤波器的频率特性，包括测量电路的幅频特性和相频特性。选择 Simulate → Instruments → Bode Plotter，得到如图 A.16 所示的波特图仪图标。

双击该图标，得到如图 A.17 所示的波特图仪参数设置控制面板。

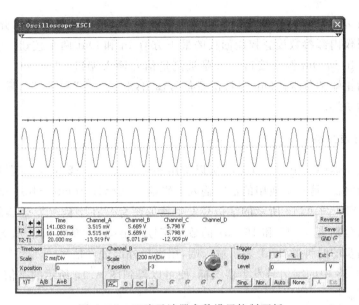

图 A.15 四踪示波器参数设置控制面板

图 A.16 波特图仪图标

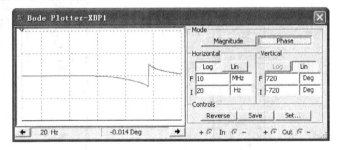

图 A.17 波特图仪参数设置控制面板

该控制面板分为以下 4 个部分。

1) Mode

Mode 区域是输出方式选择区。Magnitude 用于显示被测电路的幅频特性曲线；Phase 用于显示被测电路的相频特性曲线。

2) Horizontal

Horizontal 区域是水平坐标(X 轴)的频率显示格式设置区,水平轴总是显示频率的数值。Log 表示水平坐标采用对数的显示格式,Lin 表示水平坐标采用线性的显示格式,F 表示水平坐标(频率)的最大值,I 表示水平坐标(频率)的最小值。

3) Vertical

Vertical 区域是垂直坐标的设置区。Log 表示垂直坐标采用对数的显示格式,Lin 表示垂直坐标采用线性的显示格式,F 表示垂直坐标(频率)的最大值,I 表示垂直坐标(频率)的最小值。

4) Controls

Controls 区是输出控制区。Reverse 可将示波器显示屏的背景色由黑色改为白色,

Save 可保存显示的频率特性曲线及其相关的参数设置,Set 可设置扫描的分辨率。

在波特图仪内部参数设置控制面板的最下方有 In 和 Out 两个按钮。它们分别对应图 A.16 中的 In 和 Out 两个接口。In 是被测量信号输入端口:"＋"和"－"信号分别接入被测信号的正端和负端。Out 是被测量信号输出端口:"＋"和"－"信号分别接入仿真电路的正端和负端。

6. 字信号发生器

字信号发生器(Word Generator)可以采用多种方式产生 32 位同步逻辑信号,用于对数字电路进行测试,是一个通用的数字输入编辑器。选择 Simulate→Instruments→Word Generator,得到如图 A.18 所示的字信号发生器的图标。在字信号发生器的左右两侧各有 16 个端口,分别为 0~15 和 16~31 的数字信号输出端,下面的 R 表示输出端,用以输出与字信号同步的时钟脉冲;T 表示输入端,用来接外部触发信号。

双击图 A.18 中的字信号发生器图标,便可以得到图 A.19 所示的字信号发生器参数设置控制面板。

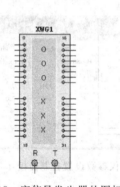

图 A.18　字信号发生器的图标

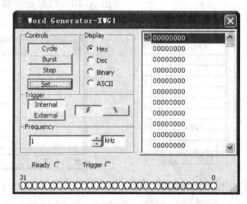

图 A.19　字信号发生器参数设置控制面板

该控制面板大致为 5 个部分。

1) Controls 区

输出字符控制,用来设置字信号发生器的最右侧的字符编辑显示区字符信号的输出方式。

(1) Cycle 按钮:可以在已经设置好的初始值和终止值之间循环输出字符。

(2) Burst 按钮:每单击一次,字信号发生器将从初始值开始到终止值之间的逻辑字符输出一次,即单页模式。

(3) Step 按钮:每单击一次,输出一条字信号,即单步模式。

(4) Set 按钮:单击后弹出如图 A.20 所示的对话框。该对话框主要用来设置字符信号的变化规律。

其中,各参数含义如下所述。

① Pre-set Patterns 选项区:用来预置信号格式。其选项如下:

• No Change:表示保持原有的设置。

- Load：表示装载以前的字符信号的变化规律的文件。
- Save：保存当前字符信号的变化规律的文件。
- Clear buffer：将字信号发生器的最右侧的字符编辑显示区的字信号清零。
- Up Counter：字符编辑显示区的字信号以加 1 的形式计数。
- Down Counter：字符编辑显示区的字信号以减 1 的形式计数。
- Shift Right：字符编辑显示区的字信号右移。
- Shift Left：字符编辑显示区的字信号左移。

② Display Type 选项区：用来设置字符编辑显示区的字信号的显示格式：Hex(十六进制)、Dec(十进制)。

③ Buffer Size：字符编辑显示区的缓冲区的长度。

④ Initial Pattern：采用某种编码的初始值。

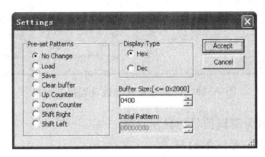

图 A.20　Settings 对话框

2) Display 区

用于设置字信号发生器的最右侧的字符编辑显示区的字符显示格式,有 Hex、Dec、Binary、ASCII 等几种计数格式。

3) Trigger 区

用于设置触发方式。Internal 表示内部触发方式,字符信号的输出由 Controls 区的 3 种输出方式中的某一种来控制;External 表示外部触发方式,此时,需要接入外部触发信号。右侧的两个按钮用于外部触发脉冲的上升或下降沿的选择。

4) Frequency 区

用于设置字符信号的输出时钟频率。

5) 字符编辑显示区

字信号发生器的最右侧的空白显示区,用来显示字符。

7. 逻辑分析仪

逻辑分析仪(Logic Analyzer)可以同时显示 16 路逻辑信号。逻辑分析仪常用于数字电路的时序分析。其功能类似于示波器,只不过逻辑分析仪可以同时显示 16 路信号,而示波器最多可以显示 4 路信号。选择 Simulate→Instruments→Logic Analyzer,得到如图 A.21 所示的逻辑分析仪图标。

图 A.21　逻辑分析仪图标

双击该图标得到如图 A.22 所示的逻辑分析仪参数设置控制面板。

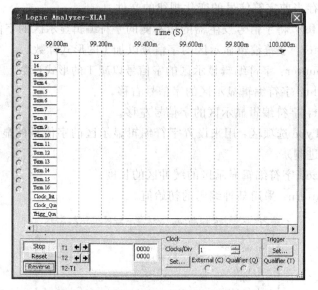

图 A.22 逻辑分析仪参数设置控制面板

最上方的白色区域为逻辑信号的显示区域。

① Stop：停止逻辑信号波形的显示。

② Reset：清除显示区域的波形，重新仿真。

③ Reverse：将逻辑信号波形显示区域由黑色变为白色。

④ T1：游标 1 的时间位置。左侧的空白处显示游标 1 所在位置的时间值，右侧的空白处显示该时间处所对应的数据值。

⑤ T2：游标 2 的时间位置。左侧的空白处显示游标 1 所在位置的时间值，右侧的空白处显示该时间处所对应的数据值。

⑥ T2-T1：显示游标 T2 与 T1 的时间差。

⑦ Clock 区：时钟脉冲设置区。其中，Clock/Div 用于设置每格所显示的时钟脉冲个数。

⑧ Trigger 区：触发方式控制区。

8. 逻辑转换仪

逻辑转换仪(Logic Converter)在对于数字电路的组合电路的分析中有很实际的应用，逻辑转换仪可以在组合电路的真值表、逻辑表达式、逻辑电路之间任意的转换。逻辑转换仪只是一种虚拟仪器，并没有实际仪器与之对应。选择 Simulate→Instruments→Logic Converter，得到如图 A.23 所示的逻辑转换仪图标。其中共有 9 个接线端，从左到右的 8 个接线端，剩下一个为输出端。

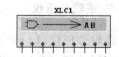

图 A.23 逻辑转换仪图标

双击该图标，便可以得到如图 A.24 所示的逻辑转换仪参数设置控制面板。

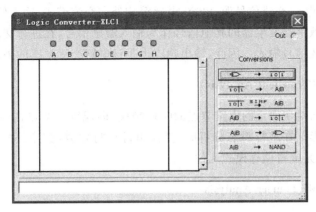

图 A.24　逻辑转换仪参数设置控制面板

最上方的 A、B、C、D、E、F、G、H 和 Out 这 9 个按钮分别对应图 A.23 中的 9 个接线端。单击 A、B、C 等几个端子后，在下方的显示区将显示所输入的数字逻辑信号的所有组合以及其所对应的输出。

① ⟨按钮图标⟩ 按钮用于将逻辑电路转换成真值表。首先在电路窗口中建立仿真电路，然后将仿真电路的输入端与逻辑转换仪的输入端，仿真电路的输出端与逻辑转换仪的输出端连接起来，最后单击此按钮，即可以将逻辑电路转换成真值表。

② ⟨按钮图标⟩ 按钮用于将真值表转换成逻辑表达式。单击 A、B、C 等几个端子，在下方的显示区中将列出所输入的数字逻辑信号的所有组合以及其所对应的输出，然后单击此按钮，即可以将真值表转化成逻辑表达式。

③ ⟨按钮图标⟩ 按钮用于将真值表转化成最简表达式。

④ ⟨按钮图标⟩ 按钮用于将逻辑表达式转换成真值表。

⑤ ⟨按钮图标⟩ 按钮用于将逻辑表达式转换成组合逻辑电路。

⑥ ⟨按钮图标⟩ 按钮用于将逻辑表达式转换成有与非门所组成组合逻辑电路。

A.2　Multisim 10 的分析方法

Multisim 10 具有较强的分析功能，选择 Simulate→Analysis 菜单，即可选择不同的分析方法。Multisim 10 共提供了 18 种仿真分析方法。

1. 直流工作点分析(DC Operating Point Analysis)

直流工作点分析是指当电路中只有直流信号源作用时，分析电路中每个节点上的电压和每条支路上的电流。在进行直流工作点分析时，电路中的交流源将被置零，电容开路，电感短路。

2. 交流分析(AC Analysis)

交流分析用于分析电路的频率特性。需先选定被分析的电路节点，在分析时，电路中的直流源将自动置零,交流信号源、电容、电感等均处在交流模式,输入信号也设定为正弦波形式。若把函数信号发生器的其他信号作为输入激励信号,在进行交流频率分析时,会自动把它作为正弦信号输入。因此,输出响应也是该电路交流频率的函数。

3. 瞬态分析(Transient Analysis)

瞬态分析是指对所选定的电路节点的时域响应,即观察该节点在整个显示周期中每一时刻的电压波形。在进行瞬态分析时,直流电源保持常数,交流信号源随着时间而改变,电容和电感都是能量储存模式元件。

4. 傅里叶分析(Fourier Analysis)

傅里叶分析用于分析一个时域信号的直流分量、基频分量和谐波分量,即把被测节点处的时域变化信号作离散傅里叶变换,求出它的频域变化规律。在进行傅里叶分析时,必须首先选择被分析的节点,一般将电路中的交流激励源的频率设定为基频,若在电路中有几个交流源时,可以将基频设定在这些频率的最小公因数上。例如有一个 10.5kHz 和一个 7kHz 的交流激励源信号,则基频可取 0.5kHz。

5. 噪声分析(Noise Analysis)

噪声分析用于检测电子线路输出信号的噪声功率幅度,用于计算、分析电阻或晶体管的噪声对电路的影响。在分析时,假定电路中各噪声源是互不相关的,因此它们的数值可以分开计算。总的噪声是各噪声在该节点的和(用有效值表示)。

6. 噪声系数分析(Noise Figure Analysis)

噪声系数分析主要用于研究元件模型中的噪声参数对电路的影响。在 Multisim 10 中噪声系数定义中:No 是输出噪声功率,Ns 是信号源电阻的热噪声,G 是电路的 AC 增益(即二端口网络的输出信号与输入信号的比)。噪声系数的单位是 dB。

7. 失真分析(Distortion Analysis)

失真分析用于分析电子电路中的谐波失真和内部调制失真,通常非线性失真会导致谐波失真,而相位偏移会导致互调失真。若电路中有一个交流信号源,该分析能确定电路中每一个节点的二次谐波和三次谐波的复值;若电路有两个交流信号源,该分析能确定电路变量在 3 个不同频率处的复值:两个频率之和的值、两个频率之差的值以及二倍频与另一个频率的差值。该分析方法是对电路进行小信号的失真分析,采用多维的 Volterra 分析法和多维"泰勒"(Taylor)级数来描述工作点处的非线性,级数要用到三次方项。这种分析方法尤其适合观察在瞬态分析中无法看到的、比较小的失真。

8. 直流扫描分析(DC Sweep Analysis)

直流扫描分析是利用一个或两个直流电源分析电路中某一节点上的直流工作点的数值变化的情况。

注意：如果电路中有数字器件，可将其当作一个大的接地电阻处理。

9. 灵敏度分析（Sensitivity Analysis）

灵敏度分析是分析电路特性对电路中元器件参数的敏感程度。灵敏度分析包括直流灵敏度分析和交流灵敏度分析。直流灵敏度分析的仿真结果以数值的形式显示，交流灵敏度分析仿真的结果以曲线的形式显示。

10. 参数扫描分析（Parameter Sweep Analysis）

参数扫描分析采用参数扫描方法分析电路，可以较快地获得某个元件的参数，在一定范围内变化时对电路的影响。相当于该元件每次取不同的值，进行多次仿真。对于数字器件，在进行参数扫描分析时将被视为高阻接地。

11. 温度扫描分析（Temperature Sweep Analysis）

温度扫描分析可以同时观察到在不同温度条件下的电路特性，相当于该元件每次取不同的温度值进行多次仿真。可以通过"温度扫描分析"对话框，选择被分析元件温度的起始值、终值和增量值。在进行其他分析的时候，电路的仿真温度默认值设定在27℃。

12. 零-极点分析（Pole Zero Analysis）

零-极点分析是一种对电路的稳定性分析相当有用的工具。该分析方法可以用于交流小信号电路传递函数中零点和极点的分析。通常先进行直流工作点分析，对非线性器件求得线性化的小信号模型。在此基础上再分析传输函数的零、极点。零-极点分析主要用于模拟小信号电路的分析，对数字器件将被视为高阻接地。

13. 传递函数分析（Transfer Function Analysis）

传递函数分析可以分析一个源与两个节点的输出电压或一个源与一个电流输出变量之间的直流小信号传递函数。也可以用于计算输入和输出阻抗。需先对模拟电路或非线性器件进行直流工作点分析，求得线性化的模型，然后再进行小信号分析。输出变量可以是电路中的节点电压，输入必须是独立源。

14. 最坏情况分析（Worst Case Analysis）

最坏情况分析是一种统计分析方法。利用这种方法可以观察到在元件参数变化时，电路特性变化的最坏可能性。它适合于对模拟电路直流和小信号电路的分析。最坏情况是指电路中的元件参数在其容差域边界点上取某种组合时所引起的电路性能的最大偏差，而最坏情况分析是在给定电路元件参数容差的情况下，估算出电路性能相对于标称值时的最大偏差。

15. 蒙特卡罗分析（Monte Carlo Analysis）

蒙特卡罗分析是采用统计分析方法来观察给定电路中的元件参数，按选定的误差分布类型在一定的范围内变化时,对电路特性的影响。用这些分析的结果,可以预测电路在批量生产时的成品率和生产成本。

16. 导线宽度分析(Trace Width Analysis)

导线宽度分析主要用于计算电路中电流流过时所需要的最小导线宽度。

17. 批处理分析(Batched Analysis)

在实际电路分析中,通常需要对同一个电路进行多种分析,例如对一个放大电路,为了确定静态工作点,需要进行直流工作点分析;为了解其频率特性,需要进行交流分析;为了观察输出波形,需要进行瞬态分析。批处理分析可以将不同的分析功能放在一起依序执行。

18. 用户自定义分析(User Defined Analysis)

由用户通过 SPICE 命令来定义某些仿真分析的功能,以达到扩充仿真分析的目的。

A.3　Multisim 10 仿真实例

本节将以如图 A.25 所示的分压电路说明 Multisim 10 在电路设计和分析中的使用方法。

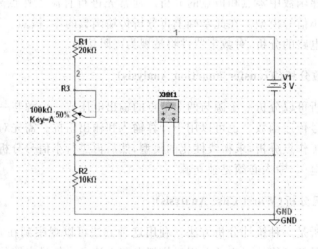

图 A.25　Multisim 10 仿真电路

1. 打开 Multisim 10 仿真软件

选择"文件"→"新建"→"原理图"选项,即弹出一个新的电路图编辑窗口,工程栏同时出现一个新的名称。单击"保存",将该文件命名,保存到指定文件夹下。

2. 放置电源

单击元器件工具栏的放置信号源选项,出现图 A.26。

① "数据库"选项里,选择"主数据库"。

② "组"选项里,选择 Sources。

③ "系列"选项里,选择 POWER_SOURCES。

④ "元件"选项里,选择 DC_POWER。

⑤ 右边的"符号""功能"等对话框里,会根据所选项目,列出相应的说明。

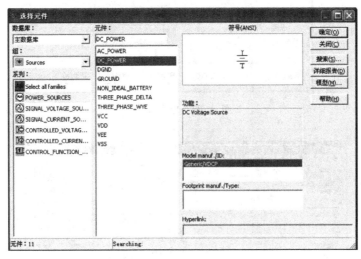

图 A.26　放置电源

3. 修改电源属性

选择好电源符号后,单击"确定"按钮,移动鼠标到电路编辑窗口,选择放置位置后,单击,将电源符号放置于电路编辑窗口中,放置完成后,还会弹出"选择元件"对话框,可以继续放置,单击"关闭"按钮可以取消放置。放置的电源电压默认为12V。双击该电源符号,出现如图 A.27 所示的属性对话框,在该对话框里,可以更改该元件的属性。在这里,将电压(Voltage)改为3V。

4. 放置 20kΩ 电阻

单击元器件工具栏的基础元件选项,弹出图 A.28。

① "数据库"选项里,选择"主数据库"。

② "组"选项里,选择 Basic。

③ "系列"选项里,选择 RESISTOR。

④ "元件"选项里,选择 20k。

⑤ 右边的"符号""功能"等对话框里,会根据所选项目,列出相应的说明。

选择好电阻元件后,单击"确定"按钮,移动鼠标到电路编辑窗口,选择放置位置后,单

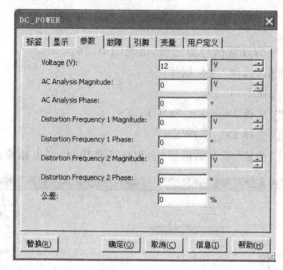

图 A.27　电源属性

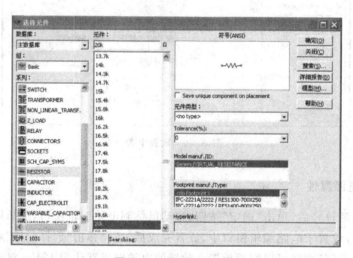

图 A.28　放置电阻元件

击,将电阻元件放置于电路编辑窗口中。按上述方法,再放置一个 10kΩ 的电阻和一个 100kΩ 的可调电阻。放置完毕后,如图 A.29 所示。

5. 确定元件位置

放置后的元件都按照默认的摆放情况被放置在编辑窗口中。例如,电阻默认是横向摆放的,在实际绘制电路过程中,如需改变元件的摆放方向,可将鼠标放在该元件上,然后右击,这时会弹出一个对话框,在对话框中可以选择让元件顺时针或者逆时针旋转 90°。如果元件摆放的位置不合适,想移动一下元件的摆放位置,则将鼠标放在元件上,按住鼠标左键,即可拖动元件到合适位置。

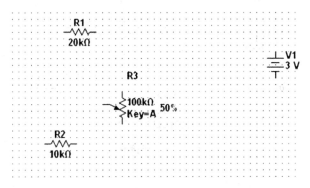

图 A.29　放置电源及电阻元件

6. 放置数字万用表

在仪器栏选择"数字万用表",将鼠标移动到电路编辑窗口内。单击,将数字万用表放置在合适位置。数字万用表的属性可以双击进行查看和修改。所有元器件放置好后,如图 A.30 所示。

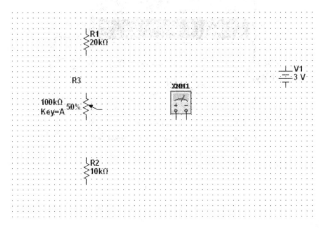

图 A.30　放置数字万用表

7. 连接导线

将鼠标移动到电源的正极,当鼠标指针变成◆时,表示导线已经和正极连接起来了,单击将该连接点固定,然后移动鼠标到电阻 R1 的一端,出现小红点后,表示正确连接到 R1 了,单击固定,这样一根导线就连接好了,如图 A.31 所示。如果想要删除这根导线,将鼠标移动到该导线的任意位置,右击,选择"删除"即可将该导线删除。或者选中导线,直接按 Delete 键删除。

8. 连接电路

放置一个公共地线,然后如图 A.25 所示,将各元器件连接好。

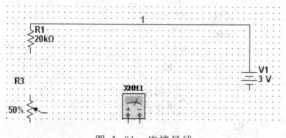

图 A.31　连接导线

9. 电路仿真

电路连接完毕,检查无误后,就可以进行仿真了。单击仿真栏中的"开始"按钮。电路进入仿真状态。双击图中的数字万用表符号,即可弹出图 A.32,在这里显示了电阻 R2 上的电压。

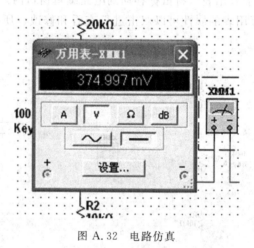

图 A.32　电路仿真

10. 验证与保存

验证仿真数据的正确性并保存仿真数据。

附录 B 示 波 器

示波器是一种观察并测量电信号波形的仪器,通过屏幕显示直接测量信号的幅度、频率和相位,还可以测量脉冲信号参数。示波器是时域分析的典型仪器。由于示波器具有直观和快捷的优点,因此,广泛应用于国防、医学、生物科学、地质和海洋科学、力学、地震科学等多种学科中。根据不同测试领域的特点,已出现多种不同用途的示波器。

示波器按原理可分为模拟示波器与数字示波器两大类。

B.1 模拟双踪示波器的电路构成与电路原理

B.1.1 模拟双踪示波器的电路构成

模拟双踪示波器由垂直系统、水平系统、示波管、校准系统及电源组成,模拟双踪示波器整机框图如图 B.1 所示。

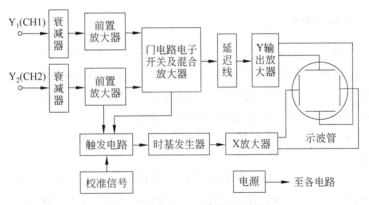

图 B.1 模拟双踪示波器整机框图

垂直系统由衰减器、前置放大器、门电路、电子开关及混合放大器、延迟线、Y 输出放大器等电路组成。两个前置放大器相互独立,分别称为通道 Y_1 和 Y_2。利用电子开关的转换作用,通过门电路控制,可将两个被测信号交替送到示波管的 Y 轴偏转板。模拟双踪示波器采用触发扫描方式。为了便于观察和测量被测脉冲信号的前沿,在 Y 轴放大系统中设延迟线,让被测脉冲信号在 X 轴锯齿波扫描电压启动后才到达 Y 轴偏转板。为了提高 Y 轴偏转系统的灵敏度,在延迟线之后,再加一放大器。

水平系统由触发电路、时基发生器、X 放大器三部分组成。时基发生器又称为锯齿波发生器,在时基触发器触发脉冲的作用下产生锯齿波扫描电压。该锯齿波扫描电压经 X 放大器放大后,加到示波管的水平偏转板。如要进行 X-Y 显示,则可断开时基触发器与 X 轴放大器的联系,让外接的 X 信号直接经 X 放大器放大后加到示波管的水平偏转板上。

示波管是示波器的核心部分,示波管的作用是将被测电压显示成为可见的图形。

校准信号发生器产生矩形波信号,用以检查校准 Y 轴的灵敏度和 X 轴的扫描速度。

电源部分为各个电路提供电源。

以下以 MOS-620FG 模拟双踪示波器为例介绍模拟双踪示波器的工作原理。

B.1.2 模拟双踪示波器的垂直系统

1. Y 轴输入与衰减器

输入信号通过 AC-GND-DC 耦合开关经衰减器与前置放大器相连接。当该开关置于 AC 位置时,输入信号经隔直电容器与衰减器耦合;置于 DC 位置时,输入信号与衰减器直接耦合;当置于 GND 位置时,衰减器输入端接地,输入信号不能进入衰减器。

因为示波器的偏转灵敏度是基本固定的,为扩大可观测信号的幅度范围,在输入端与放大器之间接入适当的衰减器作灵敏度选择。MOS-620FG 模拟双踪示波器的灵敏度选择开关 5mV/div~5V/div 共分 10 挡级。在灵敏度最大位置时,输入信号不经过衰减器而直接输入至 Y 输出放大器。示波器的衰减器实际上由一系列 RC 分压器组成,改变分压比即可改变示波器的偏转灵敏度。

2. 显示方式控制电路

模拟双踪示波器的显示方式控制电路由门电路、电子开关及混合放大电路组成。在单枪示波管上同时观察两个被测信号是基于荧光屏的余辉作用和人眼的视觉暂留效应。在电子开关的控制下,电子束时而扫描一个信号,时而扫描另一个信号,其转换周期必须小于人眼视觉暂留效应的时间,才能观察到两个清晰稳定的信号波形。

① "交替"工作方式:一个扫描周期显示 Y_1,另一个扫描周期显示 Y_2,两路信号交替显示,用于同时观察两路信号。

② "断续"工作方式:当信号频率较低时,在扫描电压的一个正程里,电子开关转换多次,将被测的两个通道信号时断时续地以一小段一小段的形式扫描出来。

③ Y_1 工作方式:只显示 Y_1 信号。

④ Y_2 工作方式:只显示 Y_2 信号。

⑤ $Y_1 \pm Y_2$ 工作方式:当 Y_2 为正极性时,显示波形为 $Y_1 + Y_2$;当 Y_2 为负极性时,显示波形为 $Y_1 - Y_2$。利用此工作方式可以实现两路模拟信号的加减运算。

3. 延迟线

在触发扫描状态,只有当被观察的信号到来时扫描发生器才工作,即开始扫描需要一定的电平,因此扫描开始时间总是滞后于被测脉冲的起点,信号无法完整地显示出来。延迟线的作用就是把加到垂直偏转板的脉冲信号也延迟一段时间,使信号出现的时间滞后于扫描开始时间,从而保证观察到包括上升沿在内的完整脉冲。

4. Y放大器

Y放大器使示波器具有观测微弱信号的能力。Y放大器应该有稳定的增益、较高的输入阻抗、足够宽的频带和对称输出的输出级。

通常把Y放大器分成前置放大器和输出放大器两部分。前置放大器的输出信号一方面引至触发电路，作为同步触发信号；另一方面经过延迟线延迟后引至输出放大器。这样就使加在Y偏转板上的信号比同步触发信号滞后一定的时间，保证在荧光屏上可看到被测脉冲的前沿。

Y放大器的输出级常采用差分电路，以使加在偏转板上的电压能够对称，差分电路还可提高共模抑制比。若在差分电路的输入端输入不同的直流电位，差分输出电路的两个输出端直流电位也会改变，进而影响Y偏转板上的相对直流电位和波形在Y方向的位置。这种调节直流电位的旋钮称为"Y轴移位"旋钮。

B.1.3 模拟双踪示波器的水平系统

在示波器中，将随时间作线性变化的锯齿形扫描电压作用在水平偏转板上，使荧光屏上的光点均匀地沿水平方向移动。水平轴上每一单位距离对应于一定的时间间隔。水平轴又称为时基轴，锯齿形扫描电压发生器又称为时基发生器。模拟双踪示波器常采用触发扫描的方式，保证锯齿形扫描电压与被测信号严格同步，以便得到稳定的显示波形。因此，示波器的水平通道还应包括时基触发器。此外，由于示波管水平偏转板灵敏度较低，为使其满偏转，需要加入足够的电压，所以扫描信号或外接信号需经过一个多级的X放大器放大后，加到水平偏转板。

1. 时基发生器

时基发生器由积分器、扫描门、比较和释抑电路组成。

积分器在扫描门控制下产生线性锯齿电压。在模拟双踪示波器中，把积分器产生的锯齿波电压送入X放大器加以放大，再加至水平偏转板。由于这个电压与时间成正比，所以可以用荧光屏上的水平距离代表时间。

扫描门又称为时基闸门，用来产生扫描控制方波。模拟双踪示波器有连续扫描和触发扫描两种工作状态。在连续扫描时，即使没有触发信号，扫描门也应有扫描控制方波输出。在触发扫描时，只有在触发脉冲作用下才能产生扫描控制方波。无论连续扫描还是触发扫描，扫描锯齿波都应与被测信号同步。

比较和释抑电路把积分器输出的锯齿波电压经过延迟后回送给扫描门，它与扫描门、积分器共同构成一个闭合的扫描发生器环。不论是触发扫描还是连续扫描，比较和释抑电路与扫描门及积分器配合，都可以产生稳定的等幅扫描信号，也都可以做到扫描信号与被测信号同步。

2. 触发电路

触发电路用来产生周期与被测信号有关的触发脉冲，这个脉冲被加至扫描门，其幅度和波形均应达到一定的要求。在触发电路中,由比较整形电路把来自垂直开关电路的内触发信号,或来自外触发(Y_3)输入端的外触发信号加以整形,产生达到一定要求的触发脉冲。比较整型电路常采用双端输入的差分电路,一个输入端接一个可调的直流电压,调整这个直流电压的旋钮称为"电平"旋钮(决定信号在什么电平产生触发),另一个输入端接触发信号。当触发信号的电压与"触发电平"旋钮选择的直流电压之差达到一定数值时,比较器翻转,产生触发脉冲,控制时基发生器的扫描门产生线性锯齿电压,实现扫描与被测信号同步。

3. X 放大器

X 放大器是一个双端输入、双端输出的差分放大器,改变 X 放大器的增益可以使光迹在水平方向得到若干倍的扩展,或对扫描速度进行微调,以校准扫描速度。改变 X 放大器有关的直流电位也可以使光迹产生水平位移。

示波管、校准系统及电源的工作原理较为常见,请参阅相关文献。

B.2 MOS-620FG 模拟双踪示波器

B.2.1 MOS-620FG 模拟双踪示波器的面板介绍

MOS-620FG 模拟双踪示波器前面板如图 B.2 所示。MOS-620FG 模拟双踪示波器后面板如图 B.3 所示。

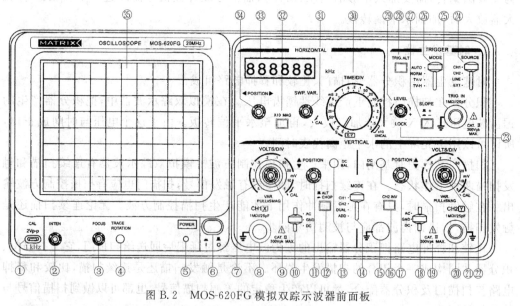

图 B.2 MOS-620FG 模拟双踪示波器前面板

B.2.2 MOS-620FG 模拟双踪示波器的控件介绍

MOS-620FG 模拟双踪示波器前、后面板控件作用如表 B.1 所示。

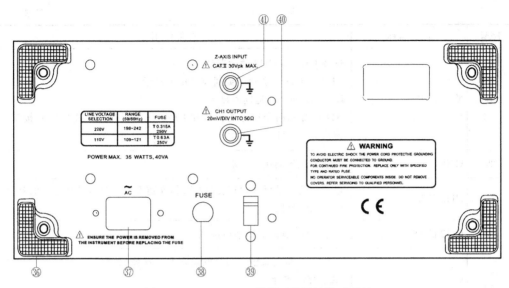

图 B.3　MOS-620FG 模拟双踪示波器后面板

表 B.1　MOS-620FG 双踪示波器前、后面板控件作用

序号	控件名称	控件作用
①	CAL	提供幅度为 2V$_{P-P}$、频率为 1kHz 的方波信号,用于校正 10∶1 探头的补偿电容器和检测示波器垂直与水平的偏转因数
②	亮度	调节轨迹或亮点的亮度
③	聚焦	调节轨迹或亮点的聚焦
④	轨迹旋转	调整水平轨迹与刻度线的平行
⑥	电源	主电源开关,当此开关开启时,发光二极管⑤发亮
⑦	CH1 垂直衰减开关	CH1 调节垂直偏转灵敏度开关,5mV/div~5V/div 分 10 挡
⑧	CH1(X)输入	CH1 输入通道,在 X-Y 模式下,则作为 X 轴输入端
⑨	CH1 垂直微调	CH1 微调,其灵敏度大于或等于 1/2.5 标示值,在校正位置时,灵敏度校正为标示值。当该旋钮拉出后(×5MAG 状态)放大器的灵敏度×5
⑩	CH1 的 AC-GND-DC	CH1 选择垂直轴输入信号的输入方式开关 AC：交流耦合 GND：输入接地 DC：直流耦合
⑪	CH1 垂直位移	调节 CH1 通道光迹在屏幕上的垂直位置
⑫	ALT/CHOP	在双踪显示时,放开此键,表示通道 1 与通道 2 交替显示(通常用在扫描速度较快的情况下);当按下此键时,通道 1 与通道 2 同时断续显示(通常用在扫描速度较慢的情况下)
⑬	CH1 的 DC BAL	用于 CH1 衰减器的平衡调试

序号	控件名称	控件作用
⑭	垂直方式	选择 CH1 与 CH2 放大器的工作模式 CH1 或 CH2：通道 1 或通道 2 单独显示 DUAL：两个通道同时显示 ADD：显示两个通道的代数和 CH1＋CH2。按下 CH2 INV 按钮，为代数差 CH1－CH2
⑮	GND	示波器机箱的接地子端
⑯	CH2 INV	通道 2 的信号反向，当此键按下时，通道 2 的信号以及通道 2 的触发信号同时反向
⑰	CH2 的 DC BAL	用于 CH2 衰减器的平衡调试
⑱	CH2 的 AC-GND-DC	CH2 选择垂直轴输入信号的输入方式开关 AC：交流耦合 GND：输入接地 DC：直流耦合
⑲	CH2 垂直选择	调节 CH2 通道光迹在屏幕上的垂直位置
⑳	CH1(Y)输入	CH2 输入通道，在 X-Y 模式下，则作为 Y 轴输入端
㉑	CH2 垂直微调	CH2 微调，其灵敏度大于或等于 1/2.5 标示值，在校正位置时，灵敏度校正为标示值。当该旋钮拉出后（×5MAG 状态）放大器的灵敏度×5
㉒	CH2 垂直衰减开关	CH2 调节垂直偏转灵敏度开关，从 5mV/div～5V/div 分 10 档
㉓	触发电平锁定	将触发旋钮㉔向顺时针方向旋转到底听到"咔哒"一声后，触发电平被锁定在一固定电平上，这时改变扫描速度或信号幅度时，不需要调节触发电平，即可获得触发信号
㉔	触发源选择	选择内(INT)或外(EXT)触发 CH1：当垂直方式选择开关⑭设定在 DUAL 或 ADD 状态时，选择通道 1 作为内部触发信号源 CH2：当垂直方式选择开关⑭设定在 DUAL 或 ADD 状态时，选择通道 2 作为内部触发信号源 TRIG.ALT㉔：当垂直方式选择开关⑭设定在 DUAL 或 ADD 状态，而且触发源开关㉔选在通道 1 或通道 2 上，按下旋钮㉔时，它会交替选择通道 1 和通道 2 作为内触发信号源 LINE：选择交流电源作为触发信号 EXT：外部触发信号接㉔作为触发信号源
㉕	外触发输入端	用于外部触发信号。当使用该功能时，开关㉔应设置在 EXT 的位置上

序号	控件名称	控件作用
㉖	触发方式	选择触发方式 AUTO：自动，当没有触发信号输入时，扫描在自动模式下 NORM：常态，当没有触发信号时，踪迹处于待命状态并不显示 TV-V：电视场，当需要观察一场的电视信号时，将 MODE 开关设置到 TV-V，对电视信号的场信号进行同步，扫描时间通常设定到 2ms/div（一帧信号）或 5ms/div（一场两帧隔行扫描信号） TV-H：电视行，对电视信号的行信号进行同步，扫描时间通常为 10μs/div 显示几行信号波形，可以用微调旋钮调节扫描时间到所需要的行数。送入示波器的同步信号必须是负极的
㉗	极性	触发信号的极性选择。"＋"上升沿触发，"－"下降沿触发
㉘	TRIG. ALT	当垂直方式选择⑭设定在 DUAL 或 ADD 状态，而且触发源开关㉔选在通道1或通道2上，按下㉘时，它会交替选择通道1和通道2作为内触发信号源
㉙	触发电平	显示一个同步稳定的波形，并设定一个波形的起始点。向"＋"旋转触发电平向上移，向"－"旋转触发电平向下移
㉚	水平扫描速度开关	扫描速度可以分为 20 挡，0.2μs/div～0.5s/div。当设置到 X-Y 位置时可用作 X-Y 示波器
㉛	水平微调	微调水平扫描时间，使扫描时间被校正到与面板上 TIME/DIV 指示的一致。TIME/DIV 扫描速度可连续变化，当逆时针旋转到底为校正位置。整个延时可达 2.5 倍甚至更多
㉜	扫描扩展开关	按下时扫描速度扩展 10 倍
㉝	频率数码显示	显示水平扫描速度
㉞	水平位移	调节光迹在屏幕上的水平位置
㉟	滤色片	使波形看起来更加清晰
㊱	支撑块	当示波器面向上放置时，用于支撑示波器，并且可以引出电源线
㊲	交流电源	交流电源输入插座，交流电源线接于此处
㊳	保险丝	示波器内部电路出现故障时，切断电路，保护示波器
㊴	电源选择开关	可选择 110V/220V 电源输入
㊵	通道1信号输出	提供通道1信号去 50Ω 的终端，适合外接频率计或其他仪器
㊶	Z 轴输入	外部亮度调制信号输入端。外加调制信号，控制光迹亮度的线性变化，实现波形的三维立体观察效果

B.3 DS2000A 系列数字示波器

B.3.1 DS2000A 系列数字示波器的面板介绍

DS2000A 系列数字示波器面板如图 B.4 所示,面板控件作用如表 B.2 所示。

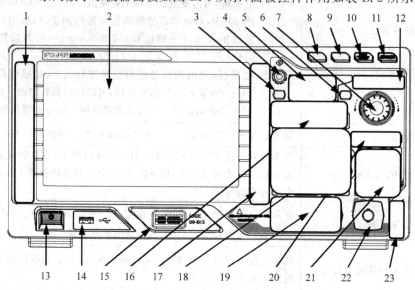

图 B.4 DS2000A 系列数字示波器面板

表 B.2 面板控件作用

编号	说　明	编号	说　明
1	测量菜单软键	13	电源键
2	LCD	14	USB HOST 接口
3	逻辑分析仪控制键	15	数字通道输入接口
4	多功能旋钮	16	水平控制区
5	功能菜单键	17	功能菜单软键
6	信号源	18	垂直控制区
7	导航旋钮	19	模拟通道输入区
8	全部清除键	20	波形录制/回放控制键
9	波形自动显示	21	触发控制区
10	运行/停止控制键	22	外部触发信号输入端
11	单次触发控制键	23	探头补偿器输出端/接地端
12	内置帮助/打印键	—	—

B.3.2　DS2000A 系列数字示波器的操作方法介绍

DS2000A 系列数字示波器的操作方法介绍如下。

1. 设置垂直系统

通过垂直控制系统可以对 CH1 和 CH2 通道进行设置，实现数学运算，也可实现 REF 功能。垂直控制系统如图 B.5 所示。

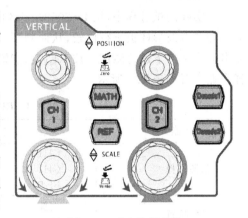

图 B.5　垂直控制系统

1）通道设置

DS2000A 系列提供双通道输入。每个通道都有独立的垂直菜单。每个项目都按不同的通道单独设置。2 个通道标签用不同颜色标识，并且屏幕中的波形和通道输入连接器的颜色也与之对应。按 CH1 或 CH2 功能键，系统将显示 CH1 或 CH2 通道的操作菜单（以下以 CH1 为例介绍）。CH1 通道设置菜单如表 B.3 所示。

表 B.3　CH1 通道设置菜单

功能菜单	设　定	说　　明
耦合	直流 交流 接地	通过输入信号的交流和直流成分 阻挡输入信号的直流成分 断开输入信号
带宽限制	打开 关闭	打开带宽限制并限制至 20MHz 时，被测信号中含有的大于 20MHz 的高频分量被衰减 当关闭带宽限制，被测信号含有的高频分量可以通过
探头比	0.1X 0.2X 0.5X 1X（默认值） 2X 5X 10X 20X 50X 100X	根据探头衰减因数选取相应数值，确保垂直标尺读数准确
挡位调节	粗调 微调	按下垂直 SCALE 快速切换调节方式 粗调按 1-2-5 进制设定垂直灵敏度 微调是指在粗调设置范围之内以更小的增量改变垂直挡位
反相	打开 关闭	打开波形反相功能 波形正常显示

2) 选择和关闭通道

欲打开或选择某一通道时,只需按下相应的通道按键,按键灯亮说明该通道已被激活。若希望关闭某个通道,再次按下相应的通道按键即可,按键灯灭即说明该通道已被关闭。

3) REF 功能

在实际测试过程中,用 DS2000A 系列数字示波器测量观察有关组件的波形,可以把波形和参考波形样板进行比较,从而判断故障原因。此法尤为适合在有详尽电路工作点参考波形条件下进行测试。按 REF 功能键,系统将显示 REF 功能的操作菜单。REF 选择存储位置如表 B.4 所示。

表 B.4 REF 选择存储位置

功能菜单	设定	说明
信源选择	CH1 CH2 FFT	选择 CH1 作为参考通道 选择 CH2 作为参考通道 选择 FFT 作为参考通道
存储位置	内部 外部	选择内部存储位置 选择外部存储位置
保存	—	保存 REF 波形
导入/导出	—	进入导入/导出菜单
复位	—	复位 REF 波形

4) 数学运算

数学运算功能可显示 CH1、CH2 通道波形相加、相减、相乘以及 FFT 运算的结果。数学运算的结果可通过栅格或游标进行测量。按 MATH 功能键,系统将进入数学运算界面。数学运算菜单说明如表 B.5 所示。

表 B.5 数学运算菜单说明

功能菜单	设定	说明
操作	A+B A−B A×B FFT	信源 A 波形与信源 B 波形相加 信源 A 波形减去信源 B 波形 信源 A 波形与信源 B 波形相乘 FFT 数学运算
信源 A	CH1 CH2	设定信源 A 为 CH1 通道波形 设定信源 A 为 CH2 通道波形
信源 B	CH1 CH2	设定信源 B 为 CH1 通道波形 设定信源 B 为 CH2 通道波形
反相	打开 关闭	打开波形反相功能 关闭波形反相功能

2. 设置水平系统

水平控制系统设置可改变仪器的水平刻度、主时基或延迟扫描（Delayed）时基，调整触发在内存中的水平位置及通道波形（包括数学运算）的水平位置，也可显示仪器的采样率。按水平系统的 MENU 功能键，系统将显示水平系统的操作菜单。水平控制系统如图 B.6 所示。水平系统设置菜单如表 B.6 所示。

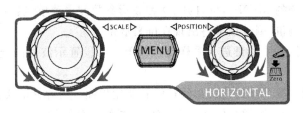

图 B.6 水平控制系统

表 B.6 水平系统设置菜单

功能菜单	设定	说　　明
延迟扫描	打开 关闭	进入 Delayed 波形延迟扫描 关闭延迟扫描
时基	Y-T X.Y Roll	Y-T 方式显示垂直电压与水平时间的相对关系 X-Y 方式在水平轴上显示通道 1 幅值，在垂直轴上显示通道 2 幅值 Roll 方式下示波器从屏幕右侧到左侧滚动更新波形采样点
水平挡位	粗调 微调	按 1-2-5 步进设置水平挡位，即 1ns/div、2ns/div、5ns/div、10ns/div…1.000ks/div 在较小范围内进一步调整

3. 设置触发系统

触发决定了示波器何时开始采集数据和显示波形。一旦触发被正确设定，它可以将不稳定的波形转换成稳定的波形。触发控制系统如图 B.7 所示。

MODE 功能键：按下该键切换触发方式为 Auto、Normal 或 Single，当前触发方式对应的状态背灯会变亮。

LEVEL 功能键：修改触发电平。顺时针转动增大电平，逆时针转动减小电平。修改过程中，触发电平线上下移动，同时屏幕左下角的触发电平消息框中的值实时变化。按下该旋钮可快速将触发电平恢复至零点。

MENU 功能键：按下该键打开触发操作菜单。本示波器提供丰富的触发类型。

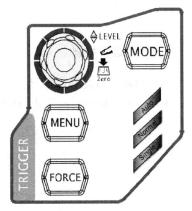

图 B.7 触发控制系统

FORCE 功能键:在 Normal 和 Single 触发方式下,按下该键将强制产生一个触发信号。

4. 设置常用菜单

常用菜单如图 B.8 所示。

Measure 功能键:按下该键进入测量设置菜单。可设置测量设置、全部测量、统计功能等。按下屏幕左侧的 MENU,可打开 29 种波形参数测量菜单,然后按下相应的菜单软键快速实现"一键"测量,测量结果将出现在屏幕底部。

Acquire 功能键:按下该键进入采样设置菜单。可设置示波器的获取方式、存储深度和抗混叠功能。

Storage 功能键:按下该键进入文件存储和调用界面。可存储的文件类型包括轨迹存储、波形存储、设置存储、图像存储和 CSV 存储,图像可存储为 bmp、png、jpeg、tiff 格式。同时支持内、外部存储和磁盘管理。

Cursor 功能键:按下该键进入光标测量菜单。示波器提供手动、追踪、自动测量和X-Y 四种光标模式。

Display 功能键:按下该键进入显示设置菜单。设置波形显示类型、余辉时间、波形亮度、屏幕网格、网格亮度和菜单保持时间。

Utility 功能键:按下该键进入系统辅助功能设置菜单。设置系统相关功能或参数,如接口、声音、语言等。此外,还支持一些高级功能,例如通过/失败测试、波形录制和打印设置等。

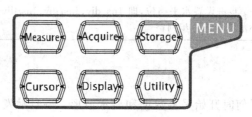

图 B.8　常用菜单

5. 设置运行控制

AUTO(自动设置)功能键:自动设定仪器各项控制值,以产生适宜观察的波形显示。
RUN/STOP(运行/停止)功能键:运行和停止波形采样。

附录C DG1000Z系列函数/任意波形发生器

DG1000Z系列函数/任意波形发生器是一种精密的测试仪器,具有连续信号、扫频信号、函数信号、脉冲信号等多种输出信号和外部测频功能。该仪器采用大规模单片集成精密函数发生器电路,具有很高的可靠性及优良的性能。采用精密电流源电路,使输出信号在整个频带内均具有相当高的精度,同时多种电流源的变换使用,使仪器不仅具有正弦波、三角波、方波等基本波形,更具有锯齿波、脉冲波等多种非对称波形的输出,同时对各种波形均可以实现扫描功能。

C.1 DG1000Z系列函数/任意波形发生器面板介绍

DG1000Z系列函数/任意波形发生器面板如图C.1所示。

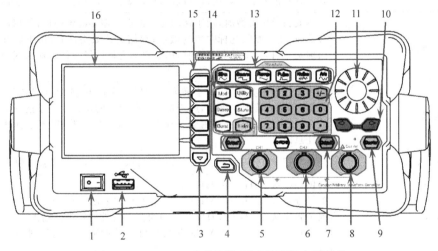

图C.1 DG1000Z系列函数/任意波形发生器面板

DG1000Z系列函数/任意波形发生器面板控件作用如表C.1所示。

表C.1 DG1000Z系列函数/任意波形发生器面板控件作用

序号	控件名称	控件作用
1	电源键	用于开启或关闭信号发生器
2	USB Host	可插入U盘,读取U盘中的波形文件或状态文件,或将当前的仪器状态或编辑的波形数据存储到U盘中,也可以将当前屏幕显示的内容以图片格式(*.bmp)保存到U盘
3	菜单翻页键	打开当前菜单的下一页

序号	控件名称	控件作用
4	返回上一级菜单	退出当前菜单,并返回上一级菜单
5	CH1 输出连接器	BNC 连接器,标称输出阻抗为 50Ω 当 Output1 打开时(背灯变亮),该连接器以 CH1 当前配置输出波形
6	CH2 输出连接器	BNC 连接器,标称输出阻抗为 50Ω 当 Output2 打开时(背灯变亮),该连接器以 CH2 当前配置输出波形
7	Output1	用于控制 CH1 的输出。按下该按键,背灯变亮,打开 CH1 输出,此时,[CH1]连接器以当前配置输出信号,再次按下该键,背灯熄灭,此时,关闭 CH1 输出
	Output2	用于控制 CH1 的输出。按下该按键,背灯变亮,打开 CH1 输出,此时,[CH1]连接器以当前配置输出信号,再次按下该键,背灯熄灭,此时,关闭 CH1 输出
	CH1CH2	用于切换 CH1 或 CH2 为当前选中通道
8	测量信号输入连接器	BNC 连接器,输入阻抗为 $1M\Omega$。用于接收频率计测量的被测信号
9	频率计	用于开启或关闭频率计功能。按下该按键,背灯变亮,左侧指示灯闪烁,频率计功能开启。再次按下该键,背灯熄灭,此时,关闭频率计功能
10	方向键	使用旋钮设置参数时,用于移动光标以选择需要编辑的位;使用键盘输入参数时,用于删除光标左边的数字;存储或读取文件时,用于展开或收起当前选中目录;文件名编辑时,用于移动光标选择文件名输入区中指定的字符
11	旋钮	使用旋钮设置参数时,用于增大(顺时针)或减小(逆时针)当前光标处的数值;存储或读取文件时,用于选择文件保存的位置或用于选择需要读取的文件;文件名编辑时,用于选择虚拟键盘中的字符;用于选择所需的内建任意波
12	数字键盘	包括数字键(0~9)、小数点(.)和符号键(+/-),用于设置参数
13	Sine	提供频率从 $1\mu Hz\sim60MHz$ 的正弦波输出
	Square	提供频率从 $1\mu Hz\sim25MHz$ 并具有可变占空比的方波输出
	Ramp	提供频率从 $1\mu Hz\sim1MHz$ 并具有可变对称性的锯齿波输出
	Pulse	提供频率从 $1\mu Hz\sim25MHz$ 并具有可变脉冲宽度和边沿时间的脉冲波输出
	Nolse	提供带宽为 $60MHz$ 的高斯噪声输出
	Arb	提供频率从 $1\mu Hz\sim10MHz$ 的任意波输出
14	Mod	可输出多种已调制的波形
	Sweep	可产生正弦波、方波、锯齿波和任意波(DC 除外)的 Sweep 波形
	Burst	可产生正弦波、方波、锯齿波、脉冲波和任意波(DC 除外)的 Burst 波形
	Utility	用于设置辅助功能参数和系统参数。选中该功能时,按键背灯变亮
	Store	可存储或调用仪器状态或者用户编辑的任意波数据
	Help	要获得任何前面板按键或菜单软键的帮助信息,按下该键后,再按下所需要获得帮助的按键
15	菜单软键	与其左侧显示的菜单一一对应,按下该软键激活相应的菜单
16	LCD 显示屏	3.5 英寸 TFT(320×240)彩色液晶显示屏,显示当前功能的菜单和参数设置、系统状态以及提示消息等内容

C.2 DG1000Z 系列函数/任意波形发生器基本波形输出

DG1000Z 系列函数/任意波形发生器可从单通道或同时从双通道输出基本波形,包括正弦波、方波、锯齿波、脉冲和噪声。本节主要介绍如何从连接器输出一个正弦波(频率为 20kHz,幅值为 $2.5V_{P-P}$,偏移量为 500mVDC,起始相位为 90°)。

1. 选择输出通道

按通道选择键选中 CH1。此时通道状态栏边框以黄色标识。

2. 选择正弦波

按 Sine 选择正弦波,背灯变亮表示功能选中,屏幕右方出现该功能对应的菜单。

3. 设置频率/周期

按频率/周期使"频率"突出显示,通过数字键盘输入 20,在弹出的菜单中选择单位 kHz。

(1)频率范围为 $1\mu Hz \sim 60MHz$。

(2)可选的频率单位有 MHz、kHz、Hz、mHz、μHz。

(3)再次按下此软键切换至周期的设置。

(4)可选的周期单位有 sec、msec、μsec、nsec。

4. 设置幅值

按"幅值/高电平"使"幅值"突出显示,通过数字键盘输入 2.5,在弹出的菜单中选择单位 Vpp。

(1)幅值范围受阻抗和频率/周期设置的限制。

(2)可选的幅值单位有 Vpp、mVpp、Vrms、mVrms、dBm(仅当 Utility→通道设置→输出设置→ 阻抗,为非高阻时,dBm 有效)。

(3)再次按下此软键切换至高电平设置。

(4)可选的高电平单位有 V、mV。

5. 设置偏移电压

按"偏移/低电平"使"偏移"突出显示,通过数字键盘输入 500,在弹出的菜单中选择单位 mVDC。

(1)偏移范围受阻抗和幅值/高电平设置的限制。

(2)可选的偏移单位有 VDC、mVDC。

(3)再次按下此软键切换至低电平设置。低电平应至少比高电平小 1mV(输出阻抗为 50Ω 时)。

(4)可选的低电平单位有 V、mV。

6. 设置起始相位

按起始相位,通过数字键盘输入 90,在弹出的菜单中选择单位(°)。起始相位值范围为 0°～360°。

7. 启用输出

按 Output1 键,背灯变亮,连接器以当前配置输出正弦波信号。

8. 观察输出波形

使用 BNC 连接线将 DG1000Z 系列函数/任意波形发生器的与示波器相连接,通过示波器即可观察到波形。

附录 D 常用电子元器件

D.1 电 阻 器

1. 电阻器的型号

电阻器简称为电阻。

电阻器型号组成如图 D.1 所示。

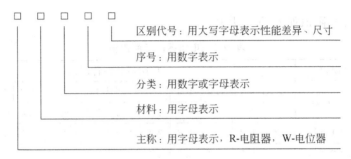

图 D.1 电阻器型号组成

电阻器的型号命名方法如表 D.1 所示。

表 D.1 电阻器的型号命名方法

主 称		材 料		特 征 分 类		
符号	意义	符号	意义	符号	电阻器意义	电位器意义
R W	电阻器 电位器	T	碳膜	1	普通	普通
		H	合成碳膜	2	普通	普通
		P	硼碳膜	3	超高频	—
		M	压敏	4	高阻	—
		N	无机实芯	5	高温	—
		Y	氧化膜	6	—	—
		S	有机实芯	7	精密	精密
		U	硅碳膜	8	高压	特殊函数
		G	光敏	9	特殊	特殊
		J	金属膜	G	高功率	—
		X	线绕	T	可调	—
		C	沉积膜	W	—	微调

主　　称		材　　料		特　征　分　类		
符号	意义	符号	意义	符号	电阻器意义	电位器意义
R W	电阻器 电位器	I	玻璃釉膜	D	—	多圈
		R	热敏	B	温度补偿用	—
				C	温度测量用	—
				P	旁热式	—
				W	稳压式	—
				Z	正温度系数	—

2. 电阻器的主要参数

电阻器的标称阻值如表 D.2 所示。

表 D.2　电阻器的标称阻值

系列	允许误差	电阻器的标称阻值/Ω											
E24	Ⅰ级(±5%)	1.0	1.1	1.2	1.3	1.5	1.6	1.8	2.0	2.2	2.4	2.7	3.0
		3.3	3.6	3.9	4.3	4.7	5.1	5.6	6.2	6.8	7.5	8.2	9.1
E12	Ⅱ级(±10%)	1.0	1.2	1.5	1.8	2.2	2.7	3.3	3.9	4.7	5.6	6.8	8.7
E6	Ⅲ级(±20%)	1.0	1.5	2.2	2.7	3.3	4.7	6.8					

电阻器单位的文字符号如表 D.3 所示。

表 D.3　电阻器单位的文字符号

文字符号	所表示的单位	文字符号	所表示的单位
R	欧姆(Ω)	G	吉欧姆(10^9 Ω)
k	千欧姆(10^3 Ω)	T	太欧姆(10^{12} Ω)
M	兆欧姆(10^6 Ω)		

3. 电阻器的色标法

电阻器的单位是欧姆,用 Ω 表示,除欧姆外,还有千欧(kΩ)和兆欧(MΩ)。其换算关系为

$$1M\Omega = 1000k\Omega = 10^6 \Omega$$
$$1k\Omega = 10^3 \Omega$$

表示电阻器的阻值时,应遵循以下原则:若 $R < 1000\Omega$,用 Ω 表示;若 $1000\Omega \leqslant R \leqslant 1000k\Omega$,用 kΩ 表示;若 $R \geqslant 1000k\Omega$,用 MΩ 表示。

电阻器色标法是用色环在电阻器表面标出标称阻值和允许误差的方法,颜色规定特点是标志清晰,易于看清。色标法又分为四色环色标法和五色环色标法。普通电阻器大多用四色环色标法来标注,四色环的前两色环表示阻值的有效数字,第 3 条色环表示阻值倍率,第 4 条色环表示阻值允许误差范围;精密电阻器大多用五色环法来标注,五色环的

前 3 条色环表示阻值的有效数字,第 4 条色环表示阻值倍率,第 5 色环表示阻值允许误差范围。电阻器色环助记口诀如下:

棕 1 红 2 橙上 3,

4 黄 5 绿 6 是蓝,

7 紫 8 灰 9 雪白,

黑色是 0 须记牢。

四色环电阻器识别如图 D.2 所示,电阻器四色环代表的意义如表 D.4 所示;五色环电阻器识别如图 D.3 所示,电阻器五色环代表的意义如表 D.5 所示。

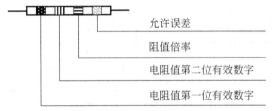

图 D.2　四色环电阻器识别

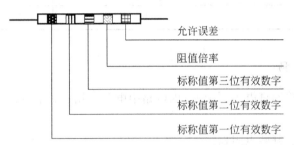

图 D.3　五色环电阻器识别

表 D.4　电阻器四色环代表的意义

颜色	第一环有效数	第二环有效数	倍率	允许误差
黑	0	0	10^0	—
棕	1	1	10^1	—
红	2	2	10^2	—
橙	3	3	10^3	—
黄	4	4	10^4	—
绿	5	5	10^5	—
蓝	6	6	10^6	—
紫	7	7	10^7	—
灰	8	8	10^8	—
白	9	9	10^9	—
金	—	—	10^{-1}	5％
银	—	—	10^{-2}	10％
无色	—	—	—	±20％

颜色	第一环有效数	第二环有效数	第三环有效数	倍率	允许误差
黑	0	0	0	10^0	—
棕	1	1	1	10^1	±1%
红	2	2	2	10^2	±2%
橙	3	3	3	10^3	—
黄	4	4	4	10^4	—
绿	5	5	5	10^5	±5%
蓝	6	6	6	10^6	±0.25%
紫	7	7	7	10^7	±0.1%
灰	8	8	8	10^8	—
白	9	9	9	10^9	—
金	—	—	—	10^{-1}	
银	—	—	—	10^{-2}	

4. 电阻器的检测

注意事项：在路测试电阻器值时，因电路中电参数相互影响，应先取下电阻器的一个脚再进行测量。

（1）指针万用表判断电阻器。

将万用表功能开关置于合适的电阻量程挡。

测量固定电阻器时指针指示的数据乘以倍率所得的结果与其标称值相符，则电阻器是正常的；若测得结果为0，表示该电阻器短路；若测得结果为∞，表示该电阻器断路。

测量半可变、可调电位器需先测两个固定端的阻值，测的结果应与标称值相符；再测中间抽头与任一固定端间的阻值，同时慢慢转动转轴，观察其阻值是否连续变化，若由小变大或由大变小，最终为0或等于两固定端的标称阻值，则电位器是正常的，否则电位器是损坏的。

（2）数字万用表判断电阻器。

① 红表笔插入 V/Ω 插孔，黑表笔插入 COM 插孔。

② 功能开关置合适的电阻量程挡。

测量固定电阻器时表中显示的数据与其标称值相符，则电阻器是正常的；若显示的数据为0，表示该电阻器短路；若显示的数据为1，表示该电阻器断路。

测量半可变、可调电位器需先测两个固定端的阻值，显示的数据与标称值相符，电位器是正常的，否则电位器是损坏的；再测中间抽头与任一固定端之间的阻值，同时慢慢转动转轴，观察其阻值是否连续变化，若由小变大或由大变小，最终为0或等于两固定端的阻值，则电位器是正常的，否则电位器是损坏的。

D.2 电 容 器

1. 电容器的型号

电容器简称电容。电容器的型号一般由 4 个部分组成,电容器的型号如图 D.4 所示。

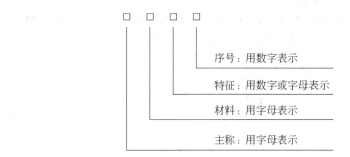

序号:用数字表示

特征:用数字或字母表示

材料:用字母表示

主称:用字母表示

图 D.4 电容器的型号

电容器的型号命名方法如表 D.6 所示。

表 D.6 电容器的型号命名方法

第一部分主称		第二部分材料		第三部分特征分类的符号及其意义					第四部分序号
符号	意义	符号	意义	符号	云母	瓷介	电解	其他	说明
C	电容器	C	瓷介	1	非密封	圆片	箔式	非密封	对主称、材料特征相同,仅性能指标、尺寸略有差别,但基本上不影响互换的产品给同一序号。如尺寸、性能指标差别已明显影响互换时,则在序号后面用大写字母作为区别
		Y	云母	2	非密封	管形	箔式	非密封	
		I	玻璃釉	3	密封	叠片	烧结粉,非固体	密封	
		B	聚苯乙烯	4	独石	独石	烧结粉,固体	密封	
		O	玻璃膜	5	—	穿心	—	穿心	
		F	聚四氟乙烯	6	—	支柱式	交流	交流	
		L	涤纶	7	标准	交流	无极性	片式	
		S	聚碳酸酯漆膜	8	高压	高压	—	高压	
		Q	漆膜	9	—	—	特殊	特殊	
		A	钽						
		T	钛						
		M	压敏						
		J	金属化纸						
		D	铝						
		G	合金						
		E	其他材料						

在电子线路中,电解电容器较为常用,对电解电容器而言,尤其要注意它的极性和耐压。因为电解电容器的极性接反,或者在它两端所加电压超过其耐压值时,电解电容器都有可能发生爆炸。

2. 电容器的主要参数

(1) 电容器的容量单位和偏差。

电容器的容量单位为法拉(F),简称法,在实用中"法"的单位太大,常用毫法(mF)、微法(μF)、纳法(nF)和皮法(pF)作单位,其换算关系如下:

$$1mF = 10^{-3}F$$
$$1\mu F = 10^{-6}F$$
$$1nF = 10^{-9}F$$
$$1pF = 10^{-12}F$$

电容器的容量偏差分别用 D($\pm 0.5\%$)、F($\pm 1\%$)、G($\pm 2\%$)、K($\pm 10\%$)、M($\pm 20\%$)和 N($\pm 30\%$)表示。

(2) 电容器的容量标志法。

电容器的标称容量系列与电阻器采用的系列相同,即 E24、E12、E6 系列。

① 直标法:将标称容量及偏差直接标在电容体上,0.22μF$\pm 10\%$、220MFD(220μF)$\pm 0.5\%$。若是零点零几,常把整数单位的 0 省去,如 01μF 表示 0.01μF。有些电容器也采用 R 表示小数点,如 R47μF 表示 0.47μF。

② 数码法:一般用三位数字表示电容器容量大小,其单位为 pF。其中第一、二位表示有效值数字,第三位表示倍数,即表示有效值后"零"的个数。如 103 表示 10×10^3 pF(0.01μF)、224 表示 22×10^4 pF(0.22μF)。

③ 数字表示法:是只标数字不标单位的直接表示法。采用此法的仅限 pF 和 μF 两种。如电容体上标志 3、47、6800、0.01 分别表示 3pF、47pF、6800pF、0.01μF。对电解电容器如标志 1、47、220 则分别表示 1μF、47μF 和 220μF。

④ 数字字母法:容量的整数部分写在容量单位标志字母的前面,容量的小数部分写在容量单位标志字母的后面。如 1.5pF、6800pF、4.7μF、1500μF 分别写成 1p5、6n8、4μ7、1m5。

⑤ 色标法:标志的颜色符号与电阻器采用的相同,其容量单位为 pF。对于立式电容器,色环顺序从上而下,沿引线方向排列。如果某个色环的宽度等于标准宽度的 2 或 3 倍,则表示相同颜色的 2 个或 3 个色环。有时小型电解电容器的工作电压也采用色标,例如,6.3V 用棕色、10V 用红色、16V 用灰色,并且对应标志在引线根部。

3. 电容器的检测

(1) 指针万用表判断电容器。

在刚接触的瞬间,电容开始充电,万用表指针向右偏转较大角度(在同一量程下,摆动越大,容量越大),接着逐渐向左回摆,直至某一电阻值处,这是电容的正向漏电阻。将表笔正负极交换后再摆动一次,回摆后测得的反向电阻小于正向电阻。在测量中,若正向、反向均无充电现象,即万用表指针不动,则说明容量很小或电容已失效,如果测得阻值很小或一直为零,说明电容漏电严重或已击穿损坏。

（2）数字万用表判断电容器。

将数字万用表的功能开关置于 CAP 合适的量程。将待测的电容器直接插入万用表中插孔 CX 中，读取数值，若显示的数值与电容器的标称值在误差范围内相符，则电容器是正常的，否则电容器是损坏的。一般的数字表只能测量容量在 $20\mu F$ 以下的电容器。

D.3 电 感 器

1. 电感器的型号

电感器简称为电感。

电感器的型号一般由 4 个部分组成，电感器的型号如图 D.5 所示。

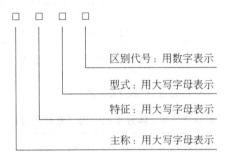

区别代号：用数字表示

型式：用大写字母表示

特征：用大写字母表示

主称：用大写字母表示

图 D.5　电感器的型号

2. 电感线圈的主要技术参数

① 电感量：也称为自感系数（L），是表示电感元件自感应能力的一种物理量。L 的单位为 H（亨）、mH（毫亨）和 μH（微亨），三者的换算关系如下：
$$1H = 10^3 mH = 10^6 \mu H$$

② 品质因数：是表示电感线圈品质的参数，也称为 Q 值或优值。Q 值越高，电路的损耗越小，效率越高。

③ 分布电容：线圈匝间、线圈与地之间、线圈与屏蔽盒之间以及线圈的层间都存在着电容，这些电容统称为线圈的分布电容。分布电容的存在会使线圈的等效总损耗电阻增大，品质因数 Q 降低。

④ 额定电流：是指允许长时间通过线圈的最大工作电流。

⑤ 稳定性：主要指参数受温度、湿度和机械振动等影响的程度。

3. 电感器的检测

电感器的常见故障有断路、短路等。为了保证电路正常工作，电感器使用前必须进行测量，用万用表欧姆挡可以对电感器进行简单的测量，测出电感线圈的直流电阻，并与其技术指标相比较：若阻值比规定的阻值小得多，则说明线圈存在局部短路或严重短路情况；若阻值为 ∞，则表示线圈存在断路。

D.4 半导体分立器件

1. 半导体分立器件的型号

半导体分立器件的型号组成如图 D.6 所示。

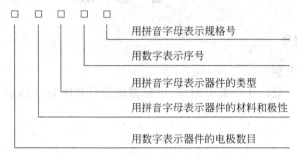

图 D.6 半导体分立器件的型号组成

半导体分立器件的型号命名方法如表 D.7 所示。

表 D.7 半导体分立器件的型号命名方法

第一部分		第二部分		第三部分				第四部分	第五部分
用数字表示器件的电极数目		用拼音字母表示器件的材料和极性		用拼音字母表示器件的类型				用数字表示序号	用拼音字母表示规格号
符号	意义	符号	意义	符号	意义	符号	意义		
2	二极管	A	N 型,锗材料	P	小信号管	D	低频大功率晶体管 $(f_a < 3\mathrm{MHz}, P_c \geqslant 1\mathrm{W})$		
		B	P 型,锗材料	V	混频检波管				
		C	N 型,硅材料	W	电压稳压管	A	高频大功率晶体管 $(f_a \geqslant 3\mathrm{MHz}, P_c \geqslant 1\mathrm{W})$		
		D	P 型,硅材料	C	变容管				
3	三极管	A	PNP 型,锗材料	Z	整流管	T	闸流管		
		B	NPN 型,锗材料	L	整流堆	Y	体效应管		
		C	PNP 型,硅材料	S	隧道管	B	雪崩管		
		D	NPN 型,硅材料	K	开关管	J	阶跃恢复管		
		E	化合物材料	X	低频小功率晶体管 $(f_a < 3\mathrm{MHz}, P_c < 1\mathrm{W})$	CS	场效应晶体管		
						BT	特殊晶体管		
				G	高频小功率晶体管 $(f_a \geqslant 3\mathrm{MHz}, P_c < 1\mathrm{W})$	FH	复合管		
						PIN	PIN 管		
						GJ	激光二极管		

2. 常用半导体二极管的性能特点及应用

几种常用半导体二极管的性能特点及应用如表 D.8 所示。

表 D.8　几种常用半导体二极管的性能特点及应用

二极管的类别	应 用 特 点
普通二极管	多用于整流、检波。普通二极管不仅有硅管和锗管之分,而且还有低频和高频、大功率和中(小)功率之分。硅管具有良好的温度特性和耐压性能,故较为常用。检波实际上是对高频小信号整流的过程,它可以把调幅信号中的调制信号(低频成分)取出来。检波二极管属于锗材料点接触型二极管,其特点是工作频率高,正向压降小
光电二极管	是一种将光信号转换成电信号的半导体器件。光电二极管 PN 结的反向电阻大小与光照强度有关系,光照越强,阻值越小。光电二极管可用于光的测量。当制成大面积的光电二极管时,可作为一种能源,称为光电池
发光二极管	是将电信号转换成光信号的发光半导体器件,当管子 PN 结通过合适的正向电流时,便以光的形式将能量释放出来。它具有工作电压低、耗电少、响应速度快、寿命长、色彩绚丽和轻巧等优点(颜色有红、绿、黄等,形状有圆形和矩形等),广泛应用于单个显示电路或做成七段显示器、LED 点阵等。而在数字电路实验中,常用作逻辑显示器
变容二极管	在电路中能起到可变电容的作用,其结电容随反向电压的增加而减小。变容二极管主要用于高频电路中,如变容二极管调频电路
稳压二极管	也称为齐纳二极管,是一种用于稳压、工作于反向击穿状态的特殊二极管。稳压二极管是以特殊工艺制造的面接触型二极管,它是利用 PN 结反向击穿后,在一定反向电流范围内,反向电压几乎不变的特点进行稳压的

3. 半导体二极管的主要参数

① 最大整流电流 I_F:是指二极管长期连续工作时,允许通过的最大正向平均电流。使用时应注意通过二极管的平均电流不能大于这个值,否则将可能导致二极管损坏。

② 最高反向工作电压 U_{RM}:是指为避免二极管击穿,所能加于二极管上的反向电压最大值。为了安全起见,通常最高反向工作电压为反向击穿电压的三分之一到二分之一。

③ 最高工作频率 f_M:由于 PN 结具有电容效应,当工作频率超过某一限度时,其单向导电性将变差,该频率为二极管最高工作频率 f_M。点接触二极管的 f_M 值较高(100MHz 以上),面接触二极管的 f_M 值较低(为数千赫兹)。

4. 半导体二极管的检测

1) 二极管的极性判别

普通二极管外壳上一般标有极性,如用箭头、色点、色环或引脚长短等形式做标记。箭头所指方向或靠近色环的一端为阴极,有色点或长引脚为阳极,若标识不清时可用万用表进行判别。用万用表的 ×1k 挡(或 ×100 挡),两表笔分别接触二极管两个电极,如果二极管导通,指针指在 10kΩ 左右(5~15kΩ 之间),两表笔反向,指针不动,则二极管导通时黑表笔一端为二极管的正极,红表笔一端为二极管的负极。

2）二极管的好坏判断

（1）用指针万用表检测二极管。

当有下列现象之一时,二极管即为损坏或不良。

① 两表笔正反向测量指针均不动,说明二极管内部开路。

② 两表笔正反向测量阻值均很小或为0Ω,说明二极管短路。

③ 正向测量指针指示$10\mathrm{k}\Omega$左右,反向测量指针指示值较小,说明二极管反向漏电流大,不宜使用。

对于二极管,正向电阻越小越好,反向电阻越大越好。正反向电阻阻值差越大,说明二极管的质量越好。

（2）用数字万用表进行检测。

将功能开关置数字万用表的二极管挡,红表笔插入V/Ω,黑表笔插入COM。将待测二极管并于两表笔之间,显示的数据若为$550\mathrm{mV}$左右,则表示此二极管为硅材料二极管,且红表笔接的一端为二极管的正极,黑表笔接的一端为二极管的负极。调换表笔则显示"1",说明被测二极管是正常的,否则为损坏的。若显示的数据为$300\mathrm{mV}$,则表示被测的二极管为锗材料二极管。

5. 半导体三极管的外形

常见半导体三极管的外形及电路符号如图D.7所示。

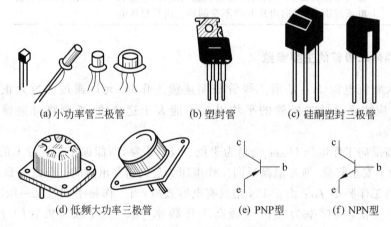

(a) 小功率管三极管　　　　(b) 塑封管　　　　(c) 硅酮塑封管

(d) 低频大功率三极管　　　(e) PNP型　　　　(f) NPN型

图 D.7　常见半导体三极管的外形及电路符号

6. 常用小功率半导体三极管的主要参数

硅小功率双极型三极管具有工作频率高、工作稳定等特点,在交直流电压放大电路及振荡电路中被广泛应用。常用3AG、3CG型高频小功率三极管主要参数如表D.9所示。国际常用$9011\sim9018$系列三极管类似于国产3CG、3DG系列三极管。国际常用$9011\sim9018$系列三极管的主要参数如表D.10所示。

表 D.9　常用 3AG、3CG 型高频小功率三极管主要参数

型号	极 限 参 数				直流参数		交流参数		
	P_{CM}/mW	I_{CM}/mA	U_{CEO}/V	U_{EBO}/V	$I_{CBO}/\mu A$	$I_{CEO}/\mu A$	f_T/MHz	C_{ob}/pF	r_{bb}/Ω
3AG53A	50	10	−15	−1	≤5	≤200	≥30	≤5	≤100
B							≥50		
C							≥100		≤50
D							≥200	≤3	
E							≥300		
3AG54A	100	30	−15	−2	≤5	≤300	≥30	≤5	≤100
B							≥50		≤50
C							≥100		
D							≥200		
E							≥300		
3AG55A	150	50	−15	−2	≤8	≤500	100	≤8	≤50
B							200		≤30
C							300		
3CG1A	300	40	≥15	≥4	≤0.5	≤1	>50	≤5	
B			≥20				>80		
C			≥30		≤0.2	≤0.5			
D			≥40				>100		
E			≥50						
3CG21A	300	50	≥15	≥4	≤0.5	≤1	≥100	≤10	
B			≥25						
C			≥40						
D			≥55						
E			≥70						
F			≥85						
G			≥100						
3CG22A	500	100	≥15	≥4	≤0.5	≤1	≥100	≤10	
B			≥25						
C			≥40						
D			≥55						
E			≥70						
F			≥85						
G			≥100						
3CG23A	700	150	≥15	≥4	≤0.5	≤1	≥60	≤10	
B			≥25						
C			≥40						
D			≥55						
E			≥70						
F			≥85						
G			≥100						

表 D.10 国际常用 9011～9018 系列三极管的主要参数

型 号	极 限 参 数			直流参数			交流参数		类型
	P_{CM}/mW	I_{CM}/mA	U_{CEO}/V	$I_{CEO}/\mu A$	U_{CE}/V	h_{FE}	f_T/MHz	C_{ob}/pF	
CS9011 E F G H I	300	100	18	0.05	0.3	28 39 54 72 97 132	150	3.5	NPN
CS9012 E F G H	600	500	25	0.5	0.6	64 78 96 118 144	150		PNP
CS9013 E F G H	400	500	25	0.5	0.6	64 78 96 118 144	150		NPN
CS9014 A B C D	300	100	18	0.05	0.3	60 60 100 200 400	150		NPN
CS9015 A B C D	310 600	100	18	0.05	0.5 0.7	60 60 100 200 400	50 100	6	PNP
CS9016	310	25	20	0.05	0.3	28～97	500	—	NPN
CS9017	310	100	12	0.05	0.5	28～72	600	2	NPN
CS9018	310	100	12	0.05	0.5	28～72	700	—	NPN

7. 半导体三极管的检测

1) 指针万用表检测三极管

(1) 基极的判别。将万用表置于电阻×10Ω 或×100Ω 挡。用黑表笔接三极管的某一引脚,用红表笔分别接假定另外两个引脚,若两次测得的电阻都很小,调换表笔测得的电阻都很大,则与黑表笔相连的引脚为基极。同时可知该管是 NPN 管;反之,用红表笔接三极管的某一引脚,用黑表笔分别接假定另外两个引脚,若两次测得的电阻都很小,则与红表笔相连的引脚为基极。同时可知该管是 PNP 管。

(2) 集电极、发射极的判别。判断依据是三极管具有电流放大作用。以 NPN 型管为例子,假定其余的两只脚中的一只是集电极,将黑表笔接到此引脚上,红表笔接假定的发射极上。用 100kΩ 的电阻接在(或用手捏住)已知的基极和假定的集电极之间,测得一个电阻记为 R_1;再做相反的假设,即把原来假定的集电极假设为发射极,重复上述测量过程,再测得一电阻 R_2。比较两次测得的阻值,若前者阻值较小,则说明前者假设是对的,那么黑表笔接的一只脚就是真正集电极,剩下的一只脚便是发射极。若两次测得结果都大或都小,说明该三极管是损坏的。

对 PNP 型管,只需调换表笔,仍用以上检测方法。

2) 数字万用表检测三极管

(1) 基极的判别。将功能开关置数字万用表的二极管挡,红表笔插入 V/Ω,黑表笔插入 COM。

① NPN:红表笔接假定的"基极",黑表笔分别假定的"集电极""发射极",两次测量结果都是显示 550mV 左右;调换表笔,两次测量都显示 1,则表明红表笔接的是真正的基极,说明该管为 NPN 型,该三极管是正常的。

② PNP:黑表笔接假定的"基极",红表笔分别接假定的"集电极""发射极",两次测量结果都是显示 300mV 左右;调换表笔,两次测量都显示 1,则表明黑表笔接的是真正的基极,说明该管为 PNP 型,该三极管是正常的。

(2) 集电极、发射极的判别。根据三极管具有电流放大作用进行判别。将功能开关置 h_{FE} 处,根据管型将其插入相应的管座,基极插入 b 座,假定的集电极插入 c 座,假定的发射极插入 e 座,若显示的 β 为几十至几百,则表明假定的集电极是真正的集电极 c,假定的发射极是真正的发射极 e;若显示的 β 值很小,则表明假定的集电极是真正的发射极 e,假定的发射极是真正的集电极 c。

D.5　半导体集成电路

1. 半导体集成电路的型号

国产半导体集成电路的型号主要由 5 部分组成,国产半导体集成电路的型号如图 D.8 所示。

国产半导体集成电路命名方法如表 D.11 所示。

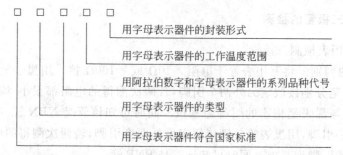

图 D.8　国产半导体集成电路的型号

表 D.11　国产半导体集成电路型号命名法

第零部分		第一部分		第二部分	第三部分		第四部分	
用字母表示器件符合国家标准		用字母表示器件的类型		用阿拉伯数字和字母表示器件的系列品种代号	用字母表示器件的工作温度范围		用字母表示器件的封装形式	
符号	意义	符号	意义		符号	意义	符号	意义
C	中国制造	T	TTL 电路		C	0℃～70℃	B	塑料封装
		H	HTL 电路		E	－48℃～75℃	D	陶瓷直插
		E	ECL 电路		R	－55℃～85℃	F	全密封扁平
		C	CMOS 电路		M	－55℃～125℃	J	黑陶瓷扁平
		F	线性放大器				K	金属菱形
		D	音响、电视电路				P	塑料直插
		W	稳压器				T	金属圆形
		J	接口电路				W	陶瓷封装
		B	非线性电路					
		M	存储器					
		μ	微型电路					

2. 半导体集成电路引脚的识别

使用集成电路前,必须认真查对识别集成电路的引脚,确认实现电源、地、输入、输出、控制等功能的引脚号,以免因错接而损坏器件。

半导体集成电路引脚排列的一般规律为:圆型集成电路识别时,面向引脚正视,从定位销顺时针方向依次为 1,2,3…,圆型多见于模拟集成电路,如图 D.9(a)所示;扁平和双

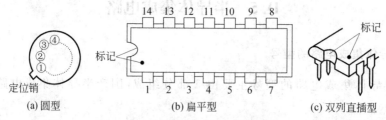

图 D.9　半导体集成电路引脚的识别

列直插型集成电路识别时,将文字符号标记正放(一般集成电路上有一圆点或有一缺口,将缺口或圆点置于左方),由顶部俯视,从左下脚起,按逆时针方向数,依次为1,2,3,…,扁平型多见于数字集成电路,如图 D.9(b)所示。双列直插式封装广泛应用于模拟和数字集成电路,如图 D.9(c)所示。

3. 常用模拟集成电路

1) 运算放大器

(1) μA741 通用运算放大器。美国仙童公司生产的 μA741 是通用型集成运算放大器,内部具有频率补偿,输入、输出过载保护功能,允许有较高的输入共模电压和差模电压,电源电压适应范围较宽。μA741 通用运算放大器的引脚排列如图 D.10 所示。μA741 通用运算放大器的主要参数如表 D.12 所示。

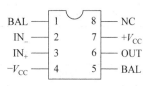

图 D.10 μA741 通用运算放大器的引脚排列

表 D.12 μA741 通用运算放大器的主要参数(T_j＝25℃)

参数名称	符号(单位)	测试条件	典型值
输入失调电压	U_{IO}(mV)	$R_s \leqslant 10k\Omega$	1.0
输入偏置电流	I_{IB}(nA)	—	80
输入失调电流	I_{IO}(nA)	—	20
输入电容	C_i(pF)	—	1.4
差模输入电阻	R_{id}(MΩ)	—	2.0
输入失调电压调整范围	U_{IOR}(mV)	—	±15
差模电压增益	A_{UD}(V/V)	$R_L \geqslant 2$ kΩ,$U_o \geqslant \pm 10$V	2×10^5
输出短路电流	I_{os}(mA)	—	25
输出电阻	R_o(Ω)	—	75
功耗	P_O(mW)	—	50
电源电流	I_s(mA)	—	1.7
转换速率	S_R(V·μs^{-1})	$R_L \geqslant 2k\Omega$	0.5

(2) LM324 集成运算放大器。美国国家半导体公司生产的集成运算放大器 LM324 由 4 个独立的高增益内部频率补偿运放组成,具有输出电压振幅大、电源功耗小的特点。LM324 集成运算放大器的引脚排列如图 D.11 所示,LM324 集成运算放大器的主要参数如表 D.13 所示。

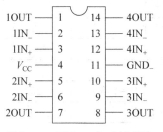

图 D.11 LM324 集成运算放大器的引脚排列

(3) OP07 高精度运算放大器。美国国家半导体公司生产的 OP07 是低输入失调电压型集成运算放大器,具有低噪声、温漂和时漂小的特点。OP07 高精度运算放大器的引脚排列如图 D.12 所示,OP07 高精度运算放大器的主要参数如表 D.14 所示。

参考名称	符号（单位）	典型值
输入失调电压	$U_{IO}(mV)$	2
输入偏置电流	$I_{IB}(nA)$	45
输入失调电流	$I_{IO}(nA)$	5
单电源电压范围	$U_s(V)$	$3\sim30$
双电源电压范围	$U_s(V)$	$\pm1.5\sim\pm15$
差模电压增益	$A_{UD}(V/V)$	10^5

表 D. 14　OP07 高精度运算放大器的主要参数（$T_j = 25℃$）

参考名称	符号（单位）	典型值
输入失调电压	$U_{IO}(\mu V)$	10
偏置电流	$I_{IB}(nA)$	0.7
静态电流	$I_Q(mA)$	2.5
转换速率	$S_R(V\cdot\mu s^{-1})$	0.3
电源电压	$U_s(V)$	±22
输入失调电压温度系数	$\Delta U_{IO}/\Delta T(\mu V\cdot℃^{-1})$	0.2

2）功率放大器

（1）LM386。美国国家半导体公司生产的集成运算放大器 LM386 是一种音频集成功率放大器，具有自身功耗低、电压增益可调整、电源电压范围大、外接元件少和总谐波失真小等优点的功率放大器，广泛应用于录音机和收音机之中。LM386 的引脚排列如图 D. 13 所示，LM386 的主要参数如表 D. 15 所示。

图 D. 12　OP07 高精度运算放大器的引脚排列　　　图 D. 13　LM386 的引脚排列

表 D. 15　LM386 的主要参数（$T_j = 25℃$）

参数名称	符号（单位）	测试条件	参考值
电源电压	$V_{CC}(V)$	—	$4\sim12$
静态电流	$I_{CC}(mA)$	$V_{CC}=6V, V_i=0V$	$4\sim8$
输出功率	$P_O(mW)$	$V_{CC}=6V, R_L=8\Omega, THD=10\%$	325
带宽	$BW(kHz)$	$V_{CC}=6V$，1 脚、8 脚断开	300
输入阻抗	$R_i(k\Omega)$	—	50
谐波失真	$THD(\%)$	$V_{CC}=6V, R_L=8\Omega, P_O=125mW$ $f=1kHz$，1 脚、8 脚断开	0.2

（2）五端集成功放（200X 系列）。意大利国家半导体公司生产的 TDA200X 系列包括 TDA2002、TDA2003、TDA2030，是单片集成功率放大器件。性能优良，功能齐全，并附加有各种保护、消噪声电路，外接元件少，仅有 5 个引脚，易于安装，因此称为五端集成功放。集成功放基本都工作在接近乙类的甲乙类状态，静态电流大都在 10～50mA 范围内，因此静态功耗很小，但动态功耗很大，且随输出的变化而变化。TDA2030 音频功率放大器的引脚排列如图 D.14 所示。TDA2030 音频功率放大器的主要参数如表 D.16 所示。

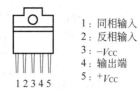

1：同相输入
2：反相输入
3：$-V_{CC}$
4：输出端
5：$+V_{CC}$

图 D.14　TDA2030 音频功率
放大器的引脚排列

表 D.16　TDA2030 音频功率放大器的主要参数（$T_j = 25℃$）

参数名称	符号（单位）	测试条件	参考值
电源电压	$V_{CC}(V)$	—	$\pm 6 \sim \pm 18$
输入阻抗	$R_i(M\Omega)$	开环，$f = 1kHz$	5
静态电流	$I_{CC}(mA)$	$V_{CC} = \pm 18V, R_L = 4\Omega$	40
输出功率	$P_O(W)$	$R_L = 4\Omega, THD = 0.5\%$ $R_L = 8\Omega, THD = 0.5\%$	14 9
频响	$BW(Hz)$	$P_O = 12W, R_L = 4\Omega$	$10 \sim 10^5$
电压增益	$A_U(dB)$	$f = 1kHz$	30
谐波失真	$THD(\%)$	$P_O = 0.1 \sim 12W, R_L = 4\Omega$	0.2

4. 三端集成稳压器

1）固定三端集成稳压器

美国国家半导体公司生产的固定三端集成稳压器有正电压 78××系列和负电压 79××系列。用 78/79 系列三端集成稳压 IC 来组成稳压电源所需的外围元件极少，电路内部还有过流、过热及调整管的保护电路，使用起来可靠、方便，而且价格便宜。78××、79××固定稳压器引脚排列如图 D.15 所示。LM7800、LM7900 系列固定稳压器的主要参数如表 D.17 所示。

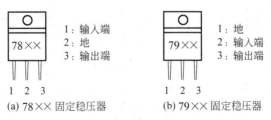

图 D.15　78××、79××固定稳压器引脚排列

表 D.17　LM7800、LM7900 系列固定稳压器的主要参数($T_j=25℃$)

型号	输出电压 U_O/V	输入输出电压差 U_I-U_O/V	电压调整率 $\Delta U_O/V$	静态电流 I_B/mA	最小输入电压 U_{Imin}/V	最大输入电压 U_{Imax}/V	温度变化率 $S_T/(mV/℃)$
LM7805	4.8~5.2	2.0	50	8	7.3	35	0.6
LM7812	11.5~12.5	2.0	120	8	14.6	35	1.5
LM7815	14.4~15.6	2.0	150	8	17.7	35	1.2
LM7905	−4.8~−5.2	1.1	15	1		−35	0.4
LM7912	−11.5~−12.5	1.1	5	1.5		−40	−0.8
LM7915	−14.4~−15.6	1.1	5	1.5		−40	−1.0
测试条件	5mA≤I_O≤1.0A	$I_O=1.0A$ $T_j=25℃$	I_O≤1.0A			I_O≤1.0A 保证电压调整率时	

2）可调节三端集成稳压器

美国国家半导体公司生产的可调节三端集成稳压器有正电压 W317 系列和负电压 W337 系列。除了输出电压极性、引脚定义不同，两系列稳压集成块均具有输出电压可在特定范围内连续可调节，芯片具有过电流、过热等保护功能，一般仅需少量外接元件即可工作。LM117/217/317、LM137/237/337 可调节三端集成稳压器的引脚排列如图 D.16 所示。

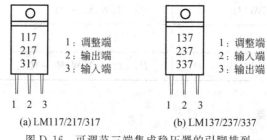

(a) LM117/217/317　　　　(b) LM137/237/337

图 D.16　可调节三端集成稳压器的引脚排列

LM117、LM217、LM317、LM137、LM237、LM337 可调节三端集成稳压器的主要参数如表 D.18 所示。

表 D.18　可调节三端集成稳压器的主要参数($T_j=25℃$)

型号	最大输入输出电压之差 $U_{Iman}-U_O/V$	输出电压可调范围 U_O/V	电压调整率 S_u/mV	电压调整率 S_I/mV	调整端电流 $I_{ADJ}/\mu A$	最小负载电流 I_{omin}/mA	外形
LM117/217	40	1.25~37	0.01	0.3	100	3.5	
LM317	40	1.25~37	0.01	0.5	100	3.5	
LM137/237	40	−1.25~−37	0.01	0.3	65	2.5	TO-3
LM337	40	−1.25~−37	0.01	0.3	65	2.5	TO-220
测试条件			3≤|U_I-U_o|≤40V	10mA≤I_o≤I_{max} U_o>5V		U_I-U_o =40V	

5. 常用数字集成电路

1）数字集成电路的产品系列

考虑到国际上通用标准型号和我国现行国家标准，根据工作温度的不同和电源电压允许工作范围的不同，我国 TTL 数字集成电路分为 CT54 系列和 CT74 系列两大类。CT54 系列和 CT74 系列的工作条件对比如表 D.19 所示。CT74 系列 TTL 集成逻辑门各子系列重要的参数比较如表 D.20 所示。TTL 和 CMOS 电路各系列重要参数的比较如表 D.21 所示。

表 D.19　CT54 系列和 CT74 系列的工作条件对比

参　数	CT54 系列			CT74 系列		
	最大	一般	最小	最大	一般	最小
电源电压/V	5.5	5.0	4.5	5.25	5.0	4.75
工作温度/℃	125	2.5	—55	70	25	0

表 D.20　TTL 集成逻辑门各子系列重要的参数比较

TTL 子系列	标准 TTL	LTTL	HTTL	STTL	LSTTL	ASTTL	ALSTTL
系列名称	CT7400	CT74L00	CT74H00	CT74S00	CT74LS00	CT74AS00	CT74ALS00
工作电压/V	5	5	5	5	5	5	5
平均功耗（每门）/mW	10	1	22.5	19	2	8	1.2
典型噪声容限/V	1	1	1	0.5	0.6	0.5	0.5
功耗-延迟积/(mW·ns)	90	33	135	57	19	24	4.2
最高工作频率/MHz	40	13	80	130	50	230	100
平均传输延迟时间（每门）/ns	9	33	6	3	9.5	3	3.5

表 D.21　TTL 和 CMOS 电路各系列重要参数的比较

参数名称	TTL 系列				CMOS 系列	HCMOS 系列	
	CT74S	CT74LS	CT74AS	CT74ALS	4000	CC74HC	CC74HCT
电源电压/V	5	5	5	5	5	5	5
U_{OL}/V	0.5	0.5	0.5	0.5	0.05	0.1	0.1
U_{OH}/V	2.7	2.7	2.7	2.7	4.95	4.9	4.9
I_{OL}/mA	20	8	20	8	0.51	4	4
I_{OH}/mA	−1	−0.4	−2	−0.4	−0.51	−4	−4
U_{IL}/V	0.8	0.8	0.8	0.8	1.5	1.0	0.8
U_{IH}/V	2	2	2	2	3.5	3.5	2

参数名称	TTL 系列				CMOS 系列	HCMOS 系列	
	CT74S	CT74LS	CT74AS	CT74ALS	4000	CC74HC	CC74HCT
I_{IL}/mA	-2	-0.4	-0.5	-0.1	-0.1×10^{-3}	-0.1×10^{-3}	-0.1×10^{-3}
$I_{IH}/\mu A$	50	20	20	20	0.1	0.1	0.1
f_{max}/MHz	130	50	230	100	5	50	50
t_{pd}(每门)/ns	3	9.5	3	3.5	45	8	8
P(每门)/mW	19	2	8	1.2	5×10^{-3}	3×10^{-3}	3×10^{-3}

2) 部分常用数字集成电路的引脚排列

部分常用数字集成电路的引脚排列如图 D.17～图 D.50 所示。

图 D.17 74LS00 四 2 输入与非门 $Y=\overline{A\cdot B}$ 图 D.18 74LS02 四 2 输入或非门 $Y=\overline{A+B}$

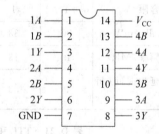

图 D.19 74LS04 六反相器 $Y=\overline{A}$ 图 D.20 74LS08 四 2 输入与门 $Y=A\cdot B$

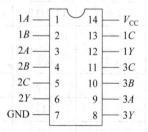
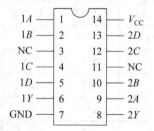

图 D.21 74LS10 三 3 输入与非门   图 D.22 74LS13 二 4 输入正与非门
$Y=\overline{A\cdot B\cdot C}$ $Y=\overline{A\cdot B\cdot C\cdot D}$

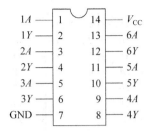

图 D.23　74LS14 六反相器施密特
触发器 $Y=\overline{A}$

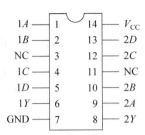

图 D.24　74LS20 二 4 输入与非门
$Y=\overline{A \cdot B \cdot C \cdot D}$

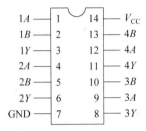

图 D.25　74LS27 三输入正或门 $Y=\overline{A+B+C}$

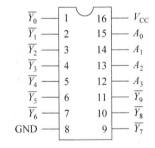

图 D.26　74LS32 四 2 输入正或门 $Y=A+B$

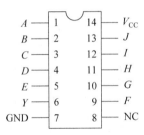

图 D.27　74LS42 4 线-10 线译码器

图 D.28　74LS54 四组输入与或非门
$Y=\overline{AB+CDE+FGH+IJ}$

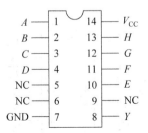

图 D.29　74LS55 二组 4 输入与或非门
$Y=\overline{ABCD+EFGH}$

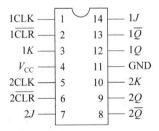

图 D.30　74LS73 双 JK 触发器
（带清除段）

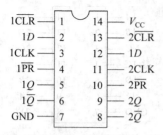

图 D.31 74LS74 二上升沿 D 触发器

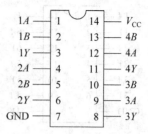

图 D.32 74LS86 四二输入异或门
$$Y = \overline{A} \cdot B + A \cdot \overline{B}$$

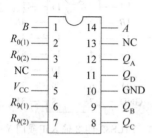

图 D.33 74LS90 十进制计数器

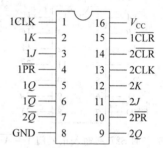

图 D.34 74LS112 二下降沿 JK 触发器

图 D.35 74LS138 三位二进制译码器

图 D.36 74LS139 双 2 线-4 线译码器

图 D.37 74LS147 10 线-4 线优先编码器

图 D.38 74LS148 8 线-3 线优先编码器

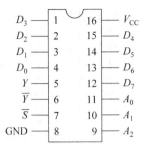

图 D.39　74LS151 8 选 1 数据选择器

图 D.40　74LS153 二 4 选 1 数据选择器

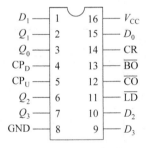

图 D.41　74LS163 同步 4 位二进制计数器
（同步清零）

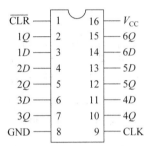

图 D.42　74LS174 六上升沿 D 触发器

图 D.43　74LS192 十进制加/减计数器

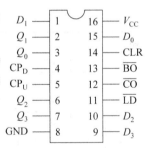

图 D.44　74LS193 4 位二进制同步加/减
计数器（双时钟）

图 D.45　74LS194 4 位双向移位寄存器

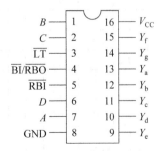

图 D.46　74LS249 七段显示译码器

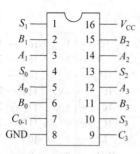

图 D.47　74LS283 4 位二进制超前进位加法器

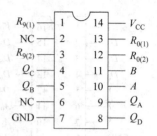

图 D.48　74LS290 十进制计数器

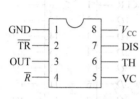

图 D.49　555 时基电路

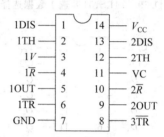

图 D.50　NE556 双时基电路

3) 部分常用数字集成电路的真值表、功能表

部分常用数字集成电路的真值表、功能表如表 D.22～表 D.40 所示,表中:L 表示低电平,H 表示高电平,×表示任意,↑表示上升沿,↓表示下降沿。

表 D.22　74LS42 真值表

输		入		输					出				
A_3	A_2	A_1	A_0	$\overline{Y}_0$	$\overline{Y}_1$	$\overline{Y}_2$	$\overline{Y}_3$	$\overline{Y}_4$	$\overline{Y}_5$	$\overline{Y}_6$	$\overline{Y}_7$	$\overline{Y}_8$	$\overline{Y}_9$
0	0	0	0	0	1	1	1	1	1	1	1	1	1
0	0	0	1	1	0	1	1	1	1	1	1	1	1
0	0	1	0	1	1	0	1	1	1	1	1	1	1
0	0	1	1	1	1	1	0	1	1	1	1	1	1
0	1	0	0	1	1	1	1	0	1	1	1	1	1
0	1	0	1	1	1	1	1	1	0	1	1	1	1
0	1	1	0	1	1	1	1	1	1	0	1	1	1
0	1	1	1	1	1	1	1	1	1	1	0	1	1
1	0	0	0	1	1	1	1	1	1	1	1	0	1
1	0	0	1	1	1	1	1	1	1	1	1	1	0
伪码 { 1	0	1	0	1	1	1	1	1	1	1	1	1	1
1	0	1	1	1	1	1	1	1	1	1	1	1	1
1	1	0	0	1	1	1	1	1	1	1	1	1	1
1	1	0	1	1	1	1	1	1	1	1	1	1	1
1	1	1	0	1	1	1	1	1	1	1	1	1	1
1	1	1	1	1	1	1	1	1	1	1	1	1	1

表 D. 23　74LS73 功能表

输　　　　入				输　　出	
$\overline{\text{CLR}}$	CLK	J	K	Q	$\overline{Q}$
L	×	×	×	L	H
H	↓	L	L	Q_0	$\overline{Q}_0$
H	↓	H	L	H	L
H	↓	L	H	L	H
H	↓	H	H	触发	
H	H	×	×	Q_0	$\overline{Q}_0$

表 D. 24　74LS74 功能表

输　　　　入				输　　出	
$\overline{\text{PR}}$	$\overline{\text{CLR}}$	CLK	D	Q	$\overline{Q}$
L	H	×	×	H	L
H	L	×	×	L	H
L	L	×	×	H*	H*
H	H	↑	H	H	L
H	H	↑	L	L	H
H	H	L	×	Q_0	$\overline{Q}_0$

注：标 * 表示为不稳定状态，当预置和清除端输入回到高电平时，状态将不能保持。

Q_0＝建立稳态输入条件前 Q 的电平。

$\overline{Q}_0$＝建立稳态输入条件前 $\overline{Q}$ 的电平。

表 D. 25　74LS112 特性表

输　　　　入					输　　出	
1$\overline{\text{PR}}$	$\overline{\text{CLR}}$	CLK	J	K	Q	$\overline{Q}$
L	H	×	×	×	H	L
H	L	×	×	×	L	H
L	L	×	×	×	不用	
H	H	↓	L	L	Q_0	$\overline{Q}_0$
H	H	↓	H	L	H	L
H	H	↓	L	H	L	H
H	H	↓	H	H	触发	
H	H	H	×	×	Q_0	$\overline{Q}_0$

表 D.26 74LS138 真值表

输入					输出							
S_1	$\overline{S}_2+\overline{S}_3$	A_2	A_1	A_0	$\overline{Y}_7$	$\overline{Y}_6$	$\overline{Y}_5$	$\overline{Y}_4$	$\overline{Y}_3$	$\overline{Y}_2$	$\overline{Y}_1$	$\overline{Y}_0$
1	0	0	0	0	1	1	1	1	1	1	1	0
1	0	0	0	1	1	1	1	1	1	1	0	1
1	0	0	1	0	1	1	1	1	1	0	1	1
1	0	0	1	1	1	1	1	1	0	1	1	1
1	0	1	0	0	1	1	1	0	1	1	1	1
1	0	1	0	1	1	1	0	1	1	1	1	1
1	0	1	1	0	1	0	1	1	1	1	1	1
1	0	1	1	1	0	1	1	1	1	1	1	1
0	×	×	×	×	1	1	1	1	1	1	1	1
×	1	×	×	×	1	1	1	1	1	1	1	1

表 D.27 74LS139 功能表

输入			输出			
允许	选择					
$\overline{G}$	B	A	Y_0	Y_1	Y_2	Y_3
H	×	×	H	H	H	H
L	L	L	L	H	H	H
L	L	H	H	L	H	H
L	H	L	H	H	L	H
L	H	H	H	H	H	L

表 D.28 74LS147 真值表

输入										输出			
$\overline{I}_9$	$\overline{I}_8$	$\overline{I}_7$	$\overline{I}_6$	$\overline{I}_5$	$\overline{I}_4$	$\overline{I}_3$	$\overline{I}_2$	$\overline{I}_1$	$\overline{I}_0$	$\overline{Y}_3$	$\overline{Y}_2$	$\overline{Y}_1$	$\overline{Y}_0$
0	×	×	×	×	×	×	×	×	×	0	1	1	0
1	0	×	×	×	×	×	×	×	×	0	1	1	1
1	1	0	×	×	×	×	×	×	×	1	0	0	0
1	1	1	0	×	×	×	×	×	×	1	0	0	1
1	1	1	1	0	×	×	×	×	×	1	0	1	0
1	1	1	1	1	0	×	×	×	×	1	0	1	1

输 入										输 出			
$\overline{I}_9$	$\overline{I}_8$	$\overline{I}_7$	$\overline{I}_6$	$\overline{I}_5$	$\overline{I}_4$	$\overline{I}_3$	$\overline{I}_2$	$\overline{I}_1$	$\overline{I}_0$	$\overline{Y}_3$	$\overline{Y}_2$	$\overline{Y}_1$	$\overline{Y}_0$
1	1	1	1	1	1	0	×	×	×	1	1	0	0
1	1	1	1	1	1	1	0	×	×	1	1	0	1
1	1	1	1	1	1	1	1	0	×	1	1	1	0
1	1	1	1	1	1	1	1	1	0	1	1	1	1

表 D.29 74LS148 真值表

输 入									输 出				
$\overline{ST}$	$\overline{I}_7$	$\overline{I}_6$	$\overline{I}_5$	$\overline{I}_4$	$\overline{I}_3$	$\overline{I}_2$	$\overline{I}_1$	$\overline{I}_0$	$\overline{Y}_2$	$\overline{Y}_1$	$\overline{Y}_0$	$\overline{Y}_{EX}$	Y_S
1	×	×	×	×	×	×	×	×	1	1	1	1	1
0	1	1	1	1	1	1	1	1	1	1	1	1	0
0	0	×	×	×	×	×	×	×	0	0	0	0	1
0	1	0	×	×	×	×	×	×	0	0	1	0	1
0	1	1	0	×	×	×	×	×	0	1	0	0	1
0	1	1	1	0	×	×	×	×	0	1	1	0	1
0	1	1	1	1	0	×	×	×	1	0	0	0	1
0	1	1	1	1	1	0	×	×	1	0	1	0	1
0	1	1	1	1	1	1	0	×	1	1	0	0	1
0	1	1	1	1	1	1	1	0	1	1	1	0	1

表 D.30 74LS151 真值表

输 入					输 出	
D	A_2	A_1	A_0	$\overline{S}$	Y	$\overline{Y}$
×	×	×	×	1	0	1
D_0	0	0	0	0	D_0	$\overline{D}_0$
D_1	0	0	1	0	D_1	$\overline{D}_1$
D_2	0	1	0	0	D_2	$\overline{D}_2$
D_3	0	1	1	0	D_3	$\overline{D}_3$
D_4	1	0	0	0	D_4	$\overline{D}_4$
D_5	1	0	1	0	D_5	$\overline{D}_5$
D_6	1	1	0	0	D_6	$\overline{D}_6$
D_7	1	1	1	0	D_7	$\overline{D}_7$

表 D.31　74LS153 真值表

选　　择		数　据　输　入				选　择	输　出
B	A	C_0	C_1	C_2	C_3	$\overline{G}$	Y
×	×	×	×	×	×	H	L
L	L	L	×	×	×	L	L
L	L	H	×	×	×	L	H
L	H	×	L	×	×	L	L
L	H	×	H	×	×	L	H
H	L	×	×	L	×	L	L
H	L	×	×	H	×	L	H
H	H	×	×	×	L	L	L
H	H	×	×	×	H	L	H

表 D.32　74LS163 状态表

输　　入									输　　出				
$\overline{CLR}$	$\overline{LD}$	CT_P	CT_T	CLK	D_0	D_1	D_2	D_3	Q_0^{n+1}	Q_1^{n+1}	Q_2^{n+1}	Q_3^{n+1}	CO
0	×	×	×	↑	×	×	×	×	0	0	0	0	0
1	0	×	×	↑	d_0	d_1	d_2	d_3	d_0	d_1	d_2	d_3	
1	1	1	1	↑					计　数				
1	1	0	×	×	×	×	×		保　持				
1	1	×	0	×	×	×	×		保　持				0

表 D.33　74LS174 功能表

输　　入			输　　出
$\overline{CLR}$	CLK	D	Q
L	×	×	L
H	↑	H	H
H	↑	L	L
H	L	×	Q

表 D.34　74LS192 状态表

输　　入								输　　出				注
CLR	$\overline{LD}$	CP_U	CP_D	D_0	D_1	D_2	D_3	Q_0^{n+1}	Q_1^{n+1}	Q_2^{n+1}	Q_3^{n+1}	
1	×	×	×	×	×	×	×	0	0	0	0	异步清零
0	0	×	×	d_0	d_1	d_2	d_3	d_0	d_1	d_2	d_3	异步置数
0	1	↑	1	×	×	×	×	加法计数				$\overline{CO}=\overline{\overline{CP_U}Q_3^n Q_0^n}$
0	1	1	↑	×	×	×	×	减法计数				$\overline{BO}=\overline{\overline{CP_D}Q_3^n Q_2^n Q_1^n Q_0^n}$
0	1	1	1	×	×	×	×	保　持				$\overline{BO}=\overline{CO}=1$

表 D.35 74LS193 状态表

输入								输出				注
CLR	$\overline{\text{LD}}$	CP_U	CP_D	D_0	D_1	D_2	D_3	Q_0^{n+1}	Q_1^{n+1}	Q_2^{n+1}	Q_3^{n+1}	
1	×	×	×	×	×	×	×	0	0	0	0	异步清零
0	0	×	×	d_0	d_1	d_2	d_3	d_0	d_1	d_2	d_3	异步置数
0	1	↑	1	×	×	×	×	加法计数				$\overline{\text{CO}}=\overline{\overline{CP_U}Q_3^n Q_2^n Q_1^n Q_0^n}$
0	1	1	↑	×	×	×	×	减法计数				$\overline{\text{BO}}=\overline{\overline{CP_D}\overline{Q_3^n}\,\overline{Q_2^n}\,\overline{Q_1^n}\,\overline{Q_0^n}}$
0	1	1	1	×	×	×	×	保持				$\overline{\text{BO}}=\overline{\text{CO}}=1$

表 D.36 74LS194 状态表

输入										输出				注
$\overline{\text{CLR}}$	M_1	M_0	D_{SR}	D_{SL}	CLK	D_0	D_1	D_2	D_3	Q_0^{n+1}	Q_1^{n+1}	Q_2^{n+1}	Q_3^{n+1}	
0	×	×	×	×	×	×	×	×	×	0	0	0	0	清零
1	×	×	×	×	0	×	×	×	×	Q_0^n	Q_1^n	Q_2^n	Q_3^n	保持
1	1	1	×	×	↑	d_0	d_1	d_2	d_3	d_0	d_1	d_2	d_3	并行输入
1	0	1	1	×	↑	×	×	×	×	1	Q_0^n	Q_1^n	Q_2^n	右移输入1
1	0	1	0	×	↑	×	×	×	×	0	Q_0^n	Q_1^n	Q_2^n	右移输入0
1	1	0	×	1	↑	×	×	×	×	Q_1^n	Q_2^n	Q_3^n	1	左移输入1
1	1	0	×	0	↑	×	×	×	×	Q_1^n	Q_2^n	Q_3^n	0	左移输入0
1	0	0	×	×	×	×	×	×	×	Q_0^n	Q_1^n	Q_2^n	Q_3^n	保持

表 D.37 74LS249 功能表

十进制或功能	输入						$\overline{\text{BI}}/\overline{\text{RBO}}^*$	输出							注
	$\overline{\text{LT}}$	$\overline{\text{RBI}}$	D	C	B	A		Y_a	Y_b	Y_c	Y_d	Y_e	Y_f	Y_g	
0	H	H	L	L	L	L	H	H	H	H	H	H	H	L	
1	H	×	L	L	L	H	H	L	H	H	L	L	L	L	
2	H	×	L	L	H	L	H	H	H	L	H	H	L	H	
3	H	×	L	L	H	H	H	H	H	H	H	L	L	H	
4	H	×	L	H	L	L	H	L	H	H	L	L	H	H	1
5	H	×	L	H	L	H	H	H	L	H	H	L	H	H	
6	H	×	L	H	H	L	H	L	L	H	H	H	H	H	
7	H	×	L	H	H	H	H	H	H	H	L	L	L	L	

十进制或功能	输入						$\overline{BI}/\overline{RBO}*$	输出							注
	$\overline{LT}$	$\overline{RBI}$	D	C	B	A		Y_a	Y_b	Y_c	Y_d	Y_e	Y_f	Y_g	
8	H	×	H	L	L	L	H	H	H	H	H	H	H	H	
9	H	×	H	L	L	H	H	H	H	H	L	L	H	H	
10	H	×	H	L	H	L	H	L	L	L	H	H	L	H	
11	H	×	H	L	H	H	H	L	L	L	L	H	L	H	
12	H	×	H	H	L	L	H	L	H	L	L	L	H	H	1
13	H	×	H	H	L	H	H	H	L	L	L	H	H	H	
14	H	×	H	H	H	L	H	L	L	L	H	H	H	H	
15	H	×	H	H	H	H	H	L	L	L	L	L	L	L	
BI	×	×	×	×	×	×	L	L	L	L	L	L	L	L	2
RBI	H	L	L	L	L	L	H	L	L	L	L	L	L	L	3
LT	L	×	×	×	×	×	L	H	H	H	H	H	H	H	4

注:

① 要求0～15的输出时,灭灯输入($\overline{BI}$)必须为开路或保持高逻辑电平,若不要灭掉十进制零,则动态灭灯输入($\overline{RBI}$)必须开路或处于高逻辑电平。

② 当低逻辑电平直接加到灭灯输入($\overline{BI}$)时,不管其他任何输入端的电平如何,所有段的输出端都为低电平。

③ 当动态灭灯输入($\overline{RBI}$)和输入端A、B、C、D都处于低电平及试灯输入($\overline{LT}$)为高电平时,所有段的输出都为低电平并且动态灭灯输出($\overline{RBO}$)处于低电平(响应条件)。

④ 当灭灯输入/动态灭灯输出($\overline{BI}/\overline{RBO}$)开路或保持在电平,而试灯输入($\overline{LT}$)为低电平时,则所有各段的输出都为低电平。

⑤ $\overline{BI}/\overline{RBO}$是线与逻辑,用作灭灯输入($\overline{BI}$)或动态灭灯输出($\overline{RBO}$)之用,或兼作两者之用。

表 D.38 74LS90/290 BCD 计数时序（A 接 Q_D，B 输入 CP）

计 数	输 出			
	Q_A	Q_D	Q_C	Q_B
0	L	L	L	L
1	L	L	L	H
2	L	L	H	L
3	L	L	H	H
4	L	H	L	L
5	H	L	L	H
6	H	L	L	H
7	H	L	H	L
8	H	L	H	H
9	H	H	L	H

表 D.39 74LS90/290 二-五混合进制（**B** 接 Q_A，**A** 输入 CP）

计 数	输 出			
	Q_D	Q_C	Q_B	Q_A
0	L	L	L	L
1	L	L	L	H
2	L	L	H	L
3	L	L	H	H
4	L	H	L	L
5	L	H	L	H
6	L	H	H	L
7	L	H	H	H
8	H	L	L	L
9	H	L	L	H

表 D.40 74LS90/290 复位计数功能表

复 位 输 入				输 出			
$R_{0(1)}$	$R_{0(2)}$	$R_{9(1)}$	$R_{9(2)}$	Q_D	Q_C	Q_B	Q_A
H	H	L	×	L	L	L	L
H	H	×	L	L	L	L	H
×	×	H	H	H	L	L	H
×	L	×	L	计 数			
L	×	L	×	计 数			
L	×	×	L	计 数			
×	L	L	×	计 数			

参 考 文 献

[1] 杨索行.模拟电子技术基础简明教程[M].3 版.北京:高等教育出版社,2006.

[2] 童诗白,华成英.模拟电子技术基础[M].4 版.北京:高等教育出版社,2006.

[3] 余孟尝.数字电子技术基础简明教程[M].3 版.北京:高等教育出版社,2006.

[4] 阎石.数字电子技术基础[M].5 版.北京:高等教育出版社,2008.

[5] 刘丽君,王晓燕.电子技术基础实验教程[M].南京:东南大学出版社,2008.

[6] 孙肖子.现代电子线路和技术实验简明教程[M].2 版.北京:高等教育出版社,2009.

[7] 廉玉欣.电子技术基础实验教程[M].北京:机械工业出版社,2010.

[8] 何凤靡.电子技术基础实验教程[M].湘潭:湘潭大学出版社,2010.

[9] 蒋黎红,黄培根.电子技术基础实验 & Multisim 10 仿真[M].北京:电子工业出版社,2010.

[10] 张新喜.Multisim 10 电路仿真及应用[M].北京:机械工业出版社,2010.

[11] 王冠华.Multisim 10 电路设计及应用[M].北京:国防工业出版社,2008.

[12] 陈松,金鸿.电子设计自动化技术:Multisim 2001 & Protel99se[M].南京:东南大学出版社,2003.

[13] 路勇.电子电路实验及仿真[M].北京:北京交通大学出版社,2004.

[14] 邵舒渊.模拟电子技术基础实验及报告[M].西安:西北工业大学出版社,2005.

[15] 张大彪,王薇.电子测量仪器[M].北京:清华大学出版社,2007.

[16] 江正战,钱俞寿,吕震中,等.常用电子测试仪器[M].北京:水利电力出版社,1988.

[17] 沈任元,吴勇.常用电子元器件简明手册[M].北京:机械工业出版社,2010.

[18] MOS-620FG 双踪示波器使用手册,深圳麦创电子科技有限公司,2006.

[19] DS1000E、DS1000D 系列数字示波器使用手册,北京普源精电科技有限公司.

[20] SP1641B 型函数信号发生器/计数器使用手册,南京盛普仪器科技有限公司.

[21] 蔡久评,熊中侃.电子电路设计的原则、方法和步骤[J].江西教育学院学报,2007,28(6):13-16.

[22] 何凤庭.电子技术基础实验教程[M].湘潭:湘潭大学出版社,2010.

[23] 张大彪,王薇.电子测量仪器[M].北京:清华大学出版社,2007.

[24] 江正战,钱俞寿,吕震中,等.常用电子测试仪器[M].北京:水利电力出版社,1988.

[25] MOS-620FG 双踪示波器使用手册.

[26] DS1000E、DS1000D 系列数字示波器使用手册.

[27] SP1641B 型函数信号发生器/计数器使用手册.

[28] 沈任元,吴勇.常用电子元器件简明手册[M].北京:机械工业出版社,2010.

[29] 余孟尝.数字电子技术基础简明教程[M].北京:高等教育出版社,2006.